MIG与TIG焊接技能小窍门

中国职工技术协会　组织编写
王铵　主编

KNOW-HOW

中国工人出版社

技能小窍门百科丛书·焊工系列

编委会

目 录

引　言

MIG（熔化极惰性气体保护电弧焊）是采用惰性气体作为保护气，使用焊丝作为熔化电极的一种电弧焊接方法，也是应用最广泛、最成熟的焊接方法之一。MIG 焊接质量好、焊接生产率高，几乎可焊接各种金属，尤其适用于焊接铝及铝合金、铜及铜合金以及不锈钢等材料。

TIG（非熔化极惰性气体保护电弧焊）是在惰性气体保护下，利用钨极与焊件间产生的电弧热熔化母材和填充焊丝，形成焊缝的焊接方法。一般用氩气作为保护气体，故又称钨极氩弧焊。TIG 的电弧稳定、焊缝美观，几乎可焊所有金属材料，常用于不锈钢，高温合金，铝、镁、钛及其合金。

本书既有铝合金型材密集型贯穿缺陷、中厚板线性缺陷和中空型材缺陷修复的 MIG 操作方法，又有铝合金中厚板双弧协同全熔透、铝合金角焊缝平转立拐角、组合焊缝不同位置转换 MIG 焊接绝招绝技。同时，还详细介绍了铝合金焊接大焊缝焊接避免缺陷控制、不锈钢波纹板和铝合金箱体焊缝质量提升操作技巧。另外，还收录了不锈钢薄板变形 TIG 矫正和不锈钢管材对接 TIG 全熔透焊接窍门。这些铝合金和不锈钢的氩弧焊焊接操作技巧是在常规焊接方法上进行萃取升华，通过焊接操作手法和理念的创新，有效地避免了焊接缺陷的产生，提高了产品形位公差精度，是对焊接质量有效提升的快速捷径。

本书是生产一线的焊接操作人员，根据自己在解决焊接生产过程中一些实际问题进行的经验总结积累，提炼出了一些铝合金和不锈钢 MIG、TIG 的先进技能操作法、绝招绝活或小窍门。全书通俗易懂，简明扼要，图文并茂，还配有实际操作视频，是广大焊接技能人员培训、日常实际焊接必备工具书，也可作为焊接结构设计、工艺、管理及检验人员了解焊接工艺技术的参考资料，具有较高的实际参考价值和借鉴作用。

上篇

MIG焊接技能小窍门

1 不锈钢 T-HV 接头全熔透立焊焊接技巧

一、问题描述

1. 现状简介

美国双层车不锈钢车体底架的牵引梁和端墙都为碳钢材质，其连接焊缝形式为 T 形接头 15HV 全熔透坡口焊缝，且要求内部无损检测。该部位是车体最重要的组成部位。

在此处进行立焊操作是车体焊接过程中的难点之一。由于焊接位置受限，此位置焊接操作空间狭小，焊枪角度不易控制，导致焊接问题频繁发生，造成大量返修工作，且返修极其困难，产生人力、物力的巨大浪费，严重影响生产进度。如图 1~ 图 3 所示。

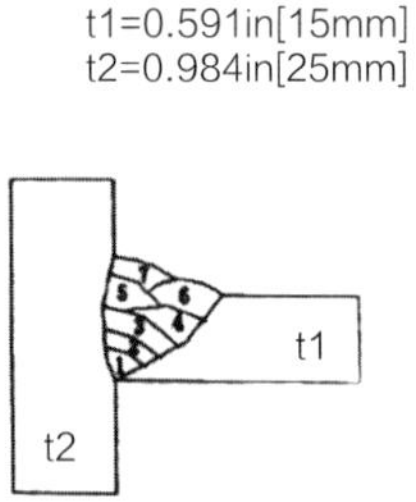

图 1　焊缝示意图

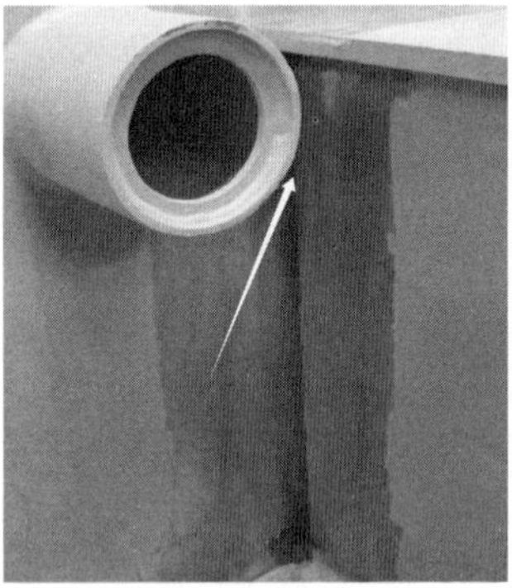

图 2　焊接位置受限

图 3　操作空间狭小

2. 存在的问题

在 T 形接头 15HV 全熔透坡口焊缝焊接过程中，主要存在未焊透、背透焊穿、背透卷边和咬边、层间熔合不良等问题，导致问题的主要原因有焊前装配控制不严格、焊接手法不规范。优化措施为提高焊前装配精度，针对焊接过程中出现的问题总结出好的焊接方法，对焊工进行培训指导，提升其焊接技能，从而提高焊接质量。

二、解决措施

1. 焊前准备

装配前要对焊缝周边的油漆进行打磨，打磨宽度距坡口面 30mm 以上，以防影响焊接质量。尤其坡口要打磨干净，禁止有锈、油污和其他杂质，以免形成气孔、裂纹、熔合不良等缺陷。钝边控制在 1mm 以内，如果钝边宽度过大，不仅打磨耗时耗力，还容易出现未焊透缺陷。装配间隙保持在 3mm 左右最为合适，既能保证焊透，又不会导致焊穿。如图 4、图 5 所示。

图 4　焊缝周围打磨干净

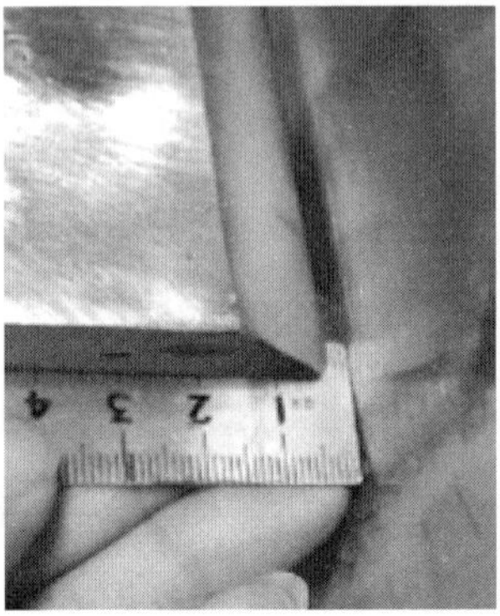

图 5　装配间隙 3mm

2. 操作方法

（1）打底焊。

打底焊采用短路过渡形式。在进行打底焊时，最容易出现焊接缺陷，导致出现未焊透、背透成型不良、焊穿等缺陷。应特别注意焊丝伸出长度。如果伸出长度过长，易使电阻热增大，导致焊丝过热而成段熔化，无法实现平稳引弧，同时会产生金属飞溅严重、焊缝成型不美观以及气体对熔池保护不佳等现象。如果伸出长度过短，则焊接电流增大，喷嘴与工件的距离缩短，容易导致焊接视线不清楚，造成焊道成型不良，并使得喷嘴过热，以至于飞溅物粘住或堵塞喷嘴，从而影响气体流通。因此，焊丝伸出长度一般为焊丝直径的十倍左右，12~15mm 为宜。引弧前，应先将焊丝端部小球状部分用尖嘴钳切成斜坡状，以减小短路接触面积，顺利起弧，如图 6、图 7 所示。

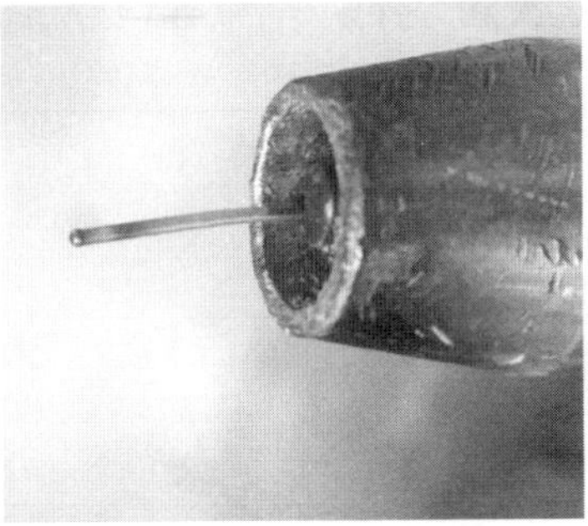

图 6　焊丝端部小球状部分

图 7　焊丝端部斜坡状部分

在厚板侧起弧。起弧后，焊枪迅速自厚板向坡口侧运行至坡口根部。摆正焊枪角度后，做小幅度横向摆动。在焊接过程中，焊丝端部应始终在熔池前半部燃烧，焊丝不得脱离熔池。焊接时注意观察熔孔尺寸，由于背面成型不可见，故必须根据熔孔大小来判断背面成型效果。待熔孔直径比坡口间隙大 0.5~1mm 时，向上直线或摆动运行焊枪，此方法保证焊透。

焊枪与前进方向呈 75°～85° 角，与两侧夹角为 45°，如图 8、图 9 所示，稍微偏向厚板，根据坡口间隙和熔孔直径的变化调整焊枪摆动幅度和焊接速度。如果焊枪角度偏向厚板过大、焊接速度过快，则坡口侧熔化铁水比较少，就会造成未焊透或坡口侧板材背透咬边缺陷；如果焊枪角度过度偏向坡口侧，则会形成背透下塌过大和焊穿缺陷，所以要控制好焊枪的角度。如图 10~ 图 13 所示。

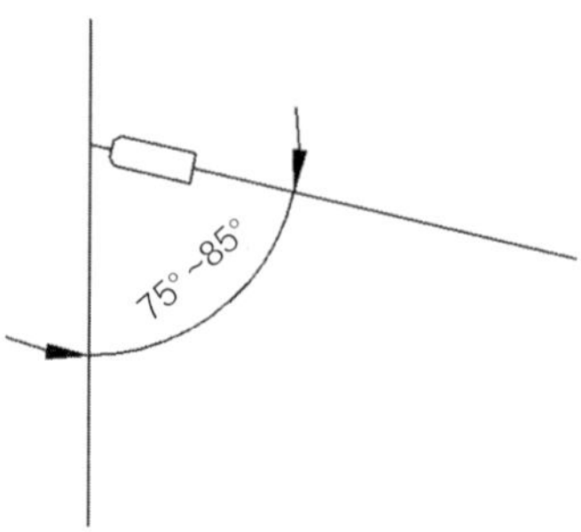

图 8　焊枪与前进方向的角度

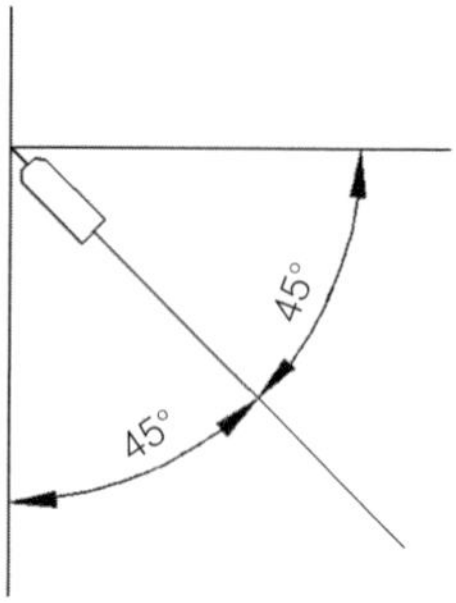

图 9　焊枪与两侧夹角的角度

图 10　未焊透

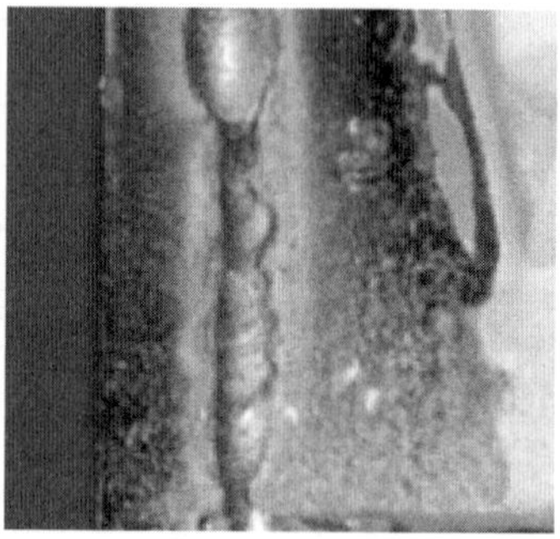

图 11　背透咬边

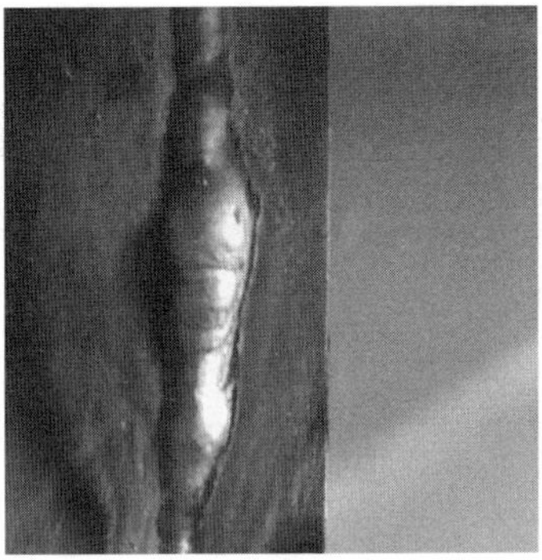

图 12　背透下塌过大

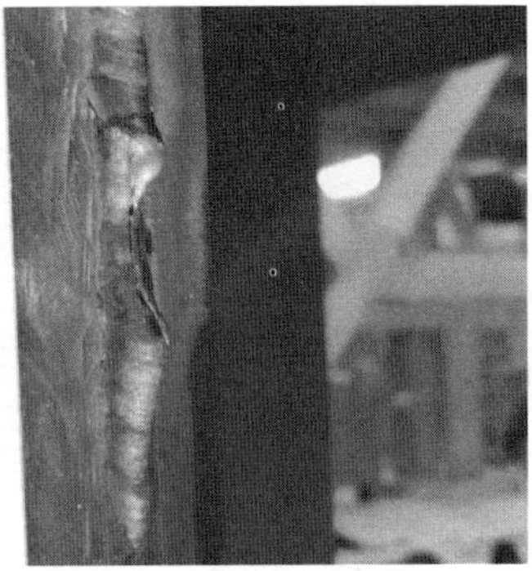

图 13　焊穿

在焊接过程中，熔池形状和大小要基本保持一致，保证每次新熔池压住上一熔池并搭接 1/2 左右，防止焊穿缺陷的产生。在焊接过程中，若发现熔孔变大，则说明熔池温度偏高，此时需增大焊枪倾角；若发现熔孔偏小或者没有熔孔出现，则说明背面熔透小或者未熔透，此时需减小焊枪倾角，以保证获得均匀一致的背面成型。

在打底焊出现接头时，不能在接头处直接起弧焊接，需要将接头处打磨成 10~20mm 缓坡，并将缓坡表面的熔渣和飞溅物清理干净，再利用 130% 左右起弧电流在缓坡处起弧，迅速打开熔池，再用正常焊接电流进行焊接，以保证接头处背透良好。如图 14~ 图 17 所示。

图 14　接头处未焊透

图 15　接头处修成缓坡

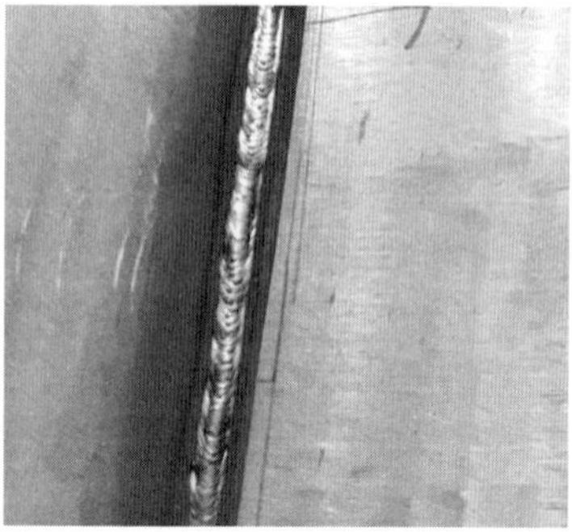

图 16　打底焊道成型良好

图 17　接头背透良好

（2）填充层焊接。

填充层焊接采用脉冲过渡。在进行填充层焊接前，清除打底焊道上以及两侧飞溅物及熔渣，并将打底焊道凸起的局部焊道磨平。如果打底焊道两侧有夹角，也需要将夹角修成平滑过渡，以防填充时熔合不良。焊接填充层时，采用反月牙运枪法焊接，焊枪与板材下倾角 75° ~85° ，并在厚板侧停留时间长些。用此方法操作时，电弧在焊道中间为上行，降低了熔池温度，铁水不会下流，使焊道厚度均匀、平整光滑，可避免焊道凸度过大。同时，清理层间焊道相对容易，为下一层焊道打下好的基础，提高工作效率。如图 18~ 图 21 所示。

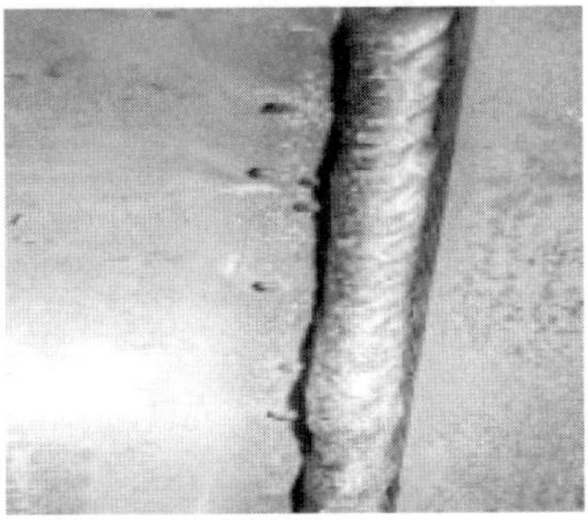

图 18　凸度过大

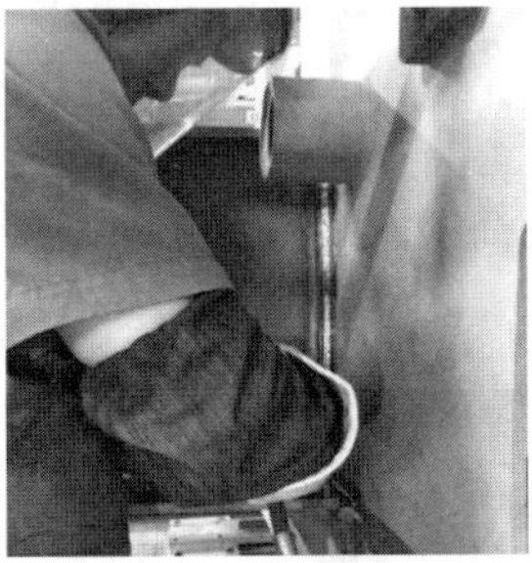

图 19　修磨焊道

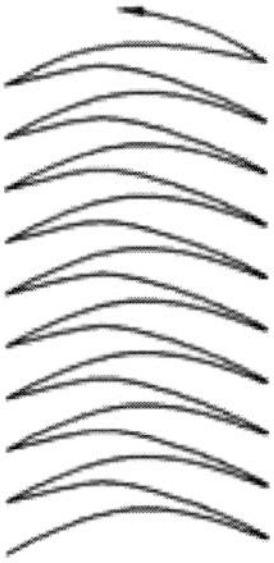

图 20　反月牙运枪法

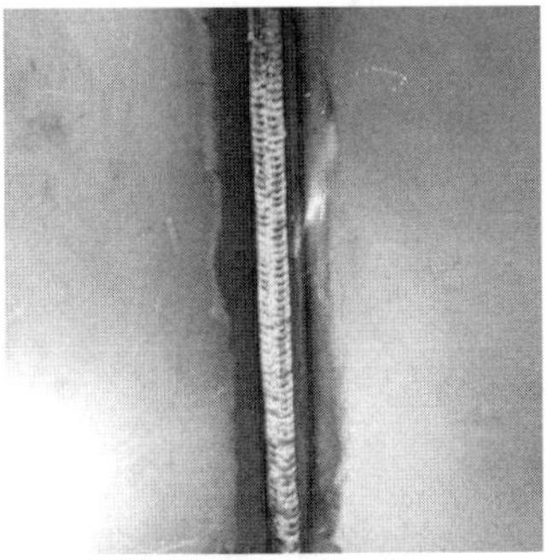

图 21　填充层光滑平整

（3）盖面层焊接。

盖面层需要焊两道，采用脉冲过渡。

第一道先焊坡口侧焊缝，以防热量过大出现咬边缺陷，同填充层一样，采取反月牙运枪法，在焊道中心部位快速移动，在两侧少许停留。焊丝摆动压过坡口边缘 1~2mm 处并做停顿，以免咬边。焊枪横向摆动幅度不宜过大，否则易出现焊波粗大和咬边现象。施焊时前进的跨度不能太大，保持焊丝始终处于熔池之中。如果焊速过快，会使气体保护作用减弱，易产生气孔，并且会使焊缝中间出现一道棱，造成成型不良（如图 22 所示）；如果焊速过慢，则会造成焊缝过热，金属组织粗大，并产生金属下坠，导致焊缝外观凸度过大。

第二道焊缝采用三角形运枪法，目的是使棱角处更好地

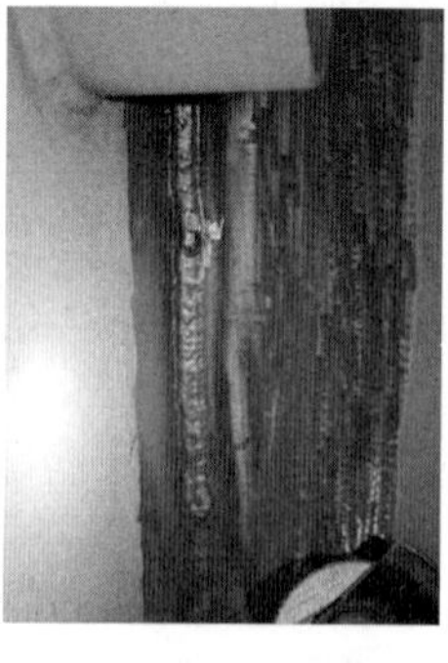

图 22　盖面成型不良

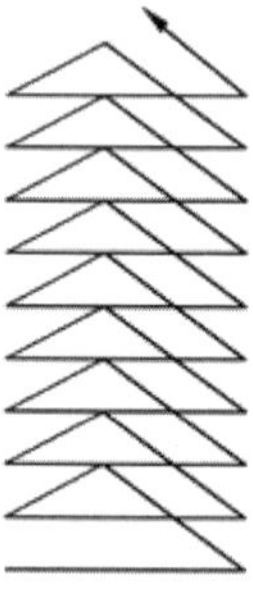

图 23　三角形运枪法

充分熔合，焊缝不易产生内部缺陷，并能一次焊出较厚的焊缝断面，使得焊缝成型良好，减少返修量，提高生产效率。如图 23~ 图 25 所示。

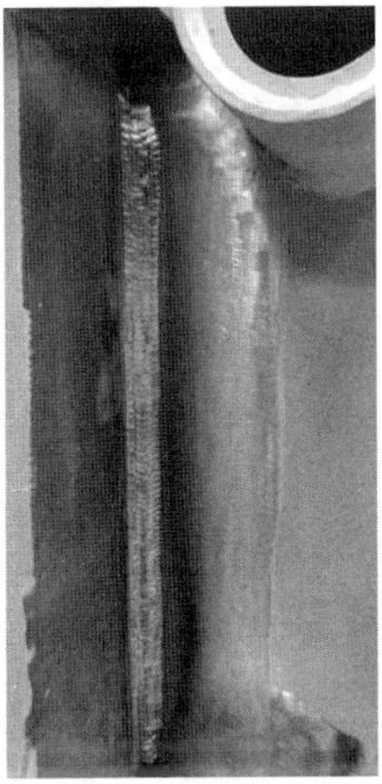

图 24　焊缝成型美观

图 25　背透成型良好

三、实施效果

采用上述焊接操作手法，成功地解决了 T 形接头 15HV 全熔透坡口焊缝焊接中存在的焊接问题，焊接缺陷大幅度减少，焊缝成型美观，焊接质量得到了明显提升，一次交检合格率由 50% 提高到 90% 以上，大幅度减少了返修量，缩短了生产周期，降低了生产成本，保证了生产任务。

此方法还对其他不同板厚、相同焊缝形式的焊接操作起到一般性指导作用。

扫码观看视频讲解

（中车唐山机车车辆有限公司：李学鹏，解志祥，郝晓卫，宗原，高昆）

2 铝合金厚壁支管垂直固定焊接技巧

一、问题描述

1. 现状简介

铝合金车体底架前端重要部件——空气弹簧导气套筒（如图 1 所示）由两段圆管对接组成 T 形结构，焊缝在两个管的接口处，因此焊缝整体呈圆形。组成空气弹簧导气套筒的母材材质为 EN-AW-5083-H111 铝合金，采用 MIG 工艺焊接，用 ϕ1.2mm 的 ER5087 焊丝进行填充，以 70%Ar+30%He 混合气为保护气体。焊接接头形式为 10HY，其现阶段焊接工艺参数如表 1 所示，焊缝焊接顺序如图 2 所示。

图 1　空气弹簧导气套筒

表 1　焊接工艺参数

焊道		电流强度（A）	电弧电压（V）	气体流量（L/min）	焊接速度（mm/s）	热输入（kJ/mm）
1	打底层	270	24.2	17	15	0.38
2	填充层	250	24.0	17	8	0.54
3	填充层	240	24.0	17	8	0.48
4	盖面层	210	24.4	17	7	0.58
5	盖面层	190	23.4	17	8	0.44

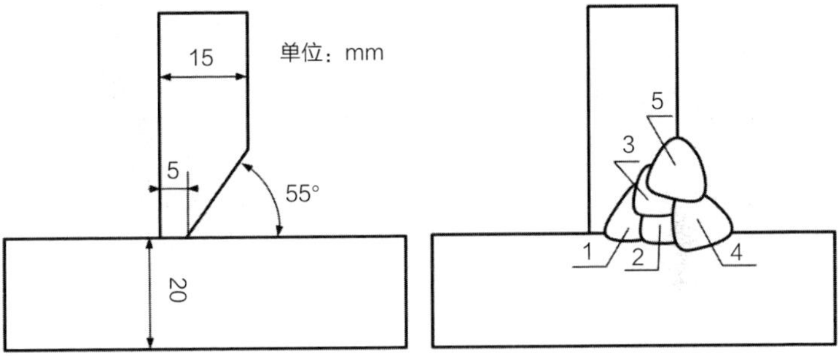

（a）10HY 焊缝接头形式　　（b）10HY 焊缝焊接顺序

图 2　焊缝示意图

2. 存在的问题

空气弹簧导气套筒的多层多道焊采用 PB/PC（平角焊 / 横焊）位置，且每层焊缝采用自下至上相叠加的顺序进行焊接，如导气套筒的 10HY 焊缝即采用三层五道的方式进行焊接，焊接顺序如图 2（b）所示。

通过对采用同样焊接工艺参数焊接的多件导气套筒 10HY 焊缝进行焊后外观检验统计发现：10HY 焊缝普遍存在盖面层焊缝上沿焊趾处焊缝咬边缺陷；两道焊缝之间出现熔合不良等焊接缺陷，如图 3 所示。

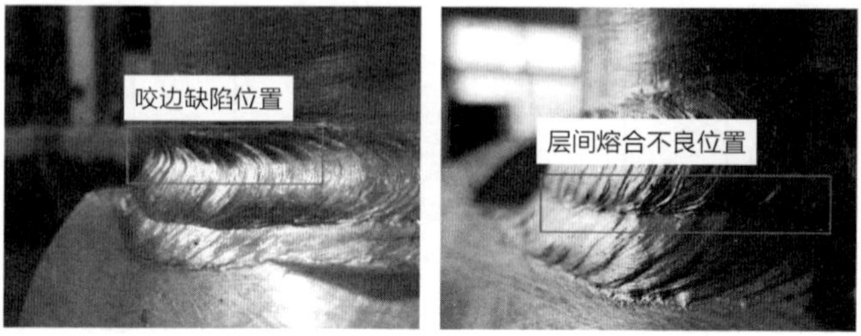

（a）咬边缺陷　　（b）层间熔合不良缺陷

图 3　10HY 焊缝盖面层焊接缺陷

二、解决措施

1. 问题分析

如前文统计所示，10HY 焊缝的焊缝咬边、层间熔合不良等焊接缺陷均发生在焊接盖面层末道焊缝，即图 2（b）中标注为 5 的焊道，所以重点针对 10HY 焊缝的盖面层末道焊缝的焊接难点进行如下分析。

盖面层焊缝的焊接关键点是在焊接过程中控制好与前道焊缝及母材的熔合状态，由于是采用自下而上的逐道焊接方式，因此应控制好焊接熔池下方熔合状态。盖面层首道焊缝（即第 4 道焊缝）的焊接关键点是与底板的熔合状态。第 4 道焊接完成后，使工件自然冷却至 120℃，然后进行末道焊缝焊接。末道焊缝焊接不仅要与第 4 道焊缝实现熔合良好，还要与厚壁支管圆滑过渡。

试验中发现，在第 5 道焊缝（即末道焊缝）的焊接过程中，当焊接电流参数选择偏大时，出现层间熔合不良的概率较小，但焊接速度必须适当加快。由于焊缝整体呈圆形，焊接时需围绕厚壁支管轴心旋转焊接，焊速加快将增大操作难度。

焊接操作不当会造成焊接熔池因重力作用下坠，从而产生焊缝上沿焊趾处未焊满（咬边）问题。虽然通过操作过程中采用前后摆动方式可以减少此缺陷产生，但由于导气套筒的 10HY 焊缝为环形，焊接时焊枪必须围绕厚壁支管轴心旋转，使前后摆动焊接方法的操作难度增大。

当焊接电流参数选择偏小时，焊缝上沿焊趾处不易产生咬边缺陷，但与第 4 道焊缝相熔合处易产生熔合不良缺陷，如图 3（b）所示。

综上所述，焊接电流、层间温度、焊接速度以及操作熟练程度是导气套筒 10HY 焊缝能否完成高质量焊接的关键点。但是按照上述操作方法进行末道焊缝焊接时，由于末道焊缝位置及结构的特殊性，造成各参数间匹配难度大，操作稍有不慎便产生焊接缺陷。所以本操作法提出新的焊接工艺方案，目的是降低操作难度，并焊接出高质量焊缝。

2. 操作方法

本焊接技巧技术要点如下。

打底层及填充层焊接相关参数依照原 WPS（焊接工艺程序）文件执行，依次焊接完成。填充层焊接完成后，焊道上方焊趾处距离坡口上沿 1mm 为最佳，便于盖面层焊接。盖面层焊接采用自上至下相叠加的顺序进行焊接。这样的话，每道焊缝的焊接关键点是控制好焊接熔池上方的熔合状态。

先焊接盖面层最上部焊道，即原焊接工艺中的盖面层末道焊缝变成了首道焊缝。焊前工件温度可控制在 80~100℃，这样可以减少层间冷却时间；焊接电流选择 180~200A；焊接速度控制在 10mm/s 左右，较之前提高 25%；焊接时熔池比较容易控制，可实现焊缝上部不产生咬边缺陷。

采用此焊接技巧，盖面层各道焊缝的焊速较之前均有所提高，可防止熔池下坠，所以焊接道数较之前焊接工艺有所增加（焊接道数改为盖面层焊接 3 道），盖面层第 2 道焊缝较第 1 道焊缝可适当提高焊接电流及焊接速度。

盖面层的最后一条焊道是与底板相连接的焊缝，即原焊接工艺的首道焊缝变成了末道焊缝，焊接时可以采用大电流（210~230A）来保证其与前道焊缝和底板之间达到良好的熔合状态。

采用本焊接技巧对多件导气套筒的10HY焊缝进行了焊接试验，焊后焊缝外观如图4所示，外观检验未见焊缝咬边、焊道层间熔合不良等焊接缺陷。

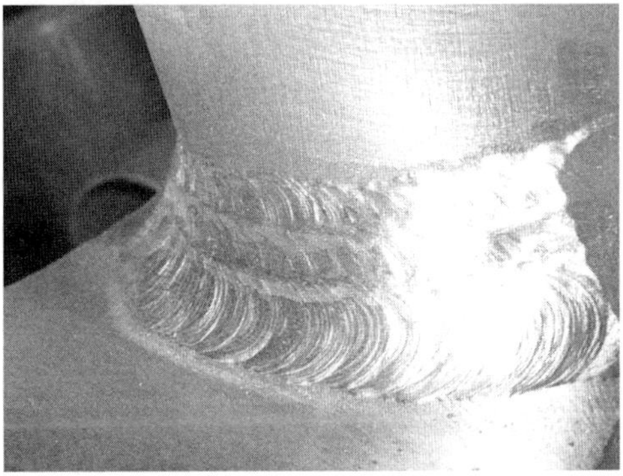

图4　采用本焊接技巧焊接的焊缝外观

用氢氧化钠溶液对制备的焊接试件接头处金相试样进行侵蚀，观察焊缝熔合状态，如图5所示。各层道间、焊缝与母材熔合良好，焊缝表面圆滑过渡，宏观金相检验明显可见焊缝表面呈凹形。此焊缝表面形态可提高导气套筒焊缝承载能力。

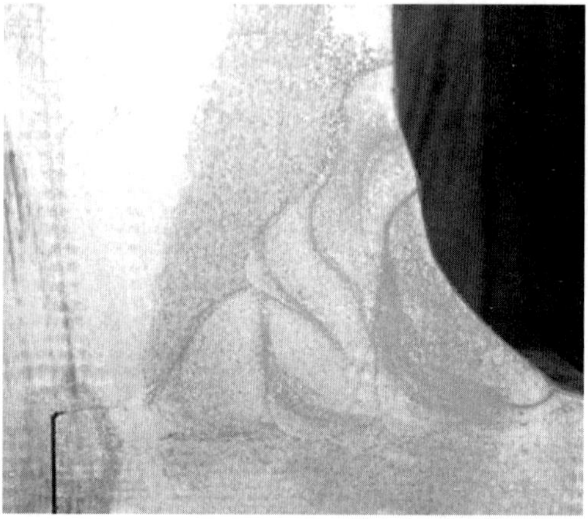

图5 对焊接试件进行宏观金相检验

三、实施效果

通过对空气弹簧导气套筒的10HY焊缝咬边及层间熔合不良等焊接缺陷形成机理的研究，提出了改变铝合金厚壁支管垂直固定焊接盖面层焊道焊接顺序的方案，并进行了试验验证，结果证明改变焊接顺序后参数选择范围更大，并可以显著降低焊缝的焊接难度。

经过大量的生产试验统计发现，焊缝外观检测合格率由30%提升至100%，导气套筒制造周期由50min提高到20min，提高工作效率60%。同时，改进后的铝合金厚壁支管垂直固定焊操作法可应用范围广泛，在复兴号动车组及城际列车等车体制造项目中，类似坡口形式均已经采用此方法来焊接。该方法正在持续发挥作用和效益。

扫码观看视频讲解

（中车唐山机车车辆有限公司：陈占峰，孙宏海，王静宇）

3 铝合金 MIG 组合焊缝不同位置转换操作方法

一、问题描述

铝合金 MIG 焊接的主要难点在于焊接时热量集中、热输入量大、焊接速度快、操作困难等，而这些难点对焊工的技能水平要求较高。特别是当需要焊接组合焊缝时，多种焊缝形式、多个焊接位置又给焊接增加了难度，导致焊接时容易出现咬边、未熔合以及焊接成型不良等缺陷（如图 1 所示），往往需要进行焊接返修，影响焊接质量、降低工作效率。

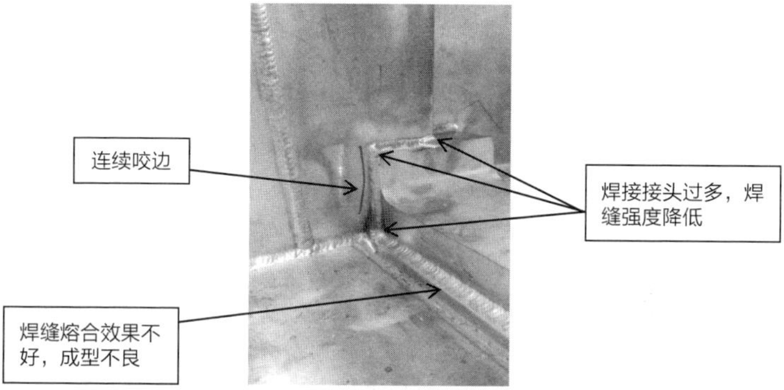

图 1 焊接缺陷示意图

为避免出现上述焊接缺陷，常采用以下两种传统焊接方法来提高焊缝质量。

方法一：利用焊枪自带起弧电流的增加效果和收弧电流的衰减效果来完成组合焊缝的焊接。这种焊接方法要求焊工有较丰富的操作经验，需要设置一个固定且合理的焊接参数来控制起弧、收弧的增加和衰减效果。虽然此种焊接方法能够达到焊接一次成型，但固定的参数不适用于需要进行位置转换的焊接形式，会导致焊缝成型不够美观。

方法二：采用分段式焊接方法，将组合焊缝拆分成若干条小焊缝，即一个焊接位置一条焊缝，一个起弧、收弧点。这种方法在焊接操作上相对简单，但是所需要的辅助手段较多，工作效率极低，而且焊接接头较多，处理不当会导致焊缝强度降低。

二、解决措施

影响焊缝成型的最主要因素是焊接电流。在组合焊缝施焊的过程中，随着焊接位置、板厚、坡口形式等因素发生变化，需要相应地调整焊接电流，进而改变焊接热输入量来适应。

操作者可利用焊枪的电流调节器，在焊接时结合不同的焊接手法，利用适当的焊接速度对熔池进行精准掌控，一枪完成，实现组合焊缝无缺陷、无接头且成型美观，保证焊缝质量满足使用要求，其操作过程如下。

1. 焊前准备

为避免出现未熔合以及未焊透等焊接缺陷，在焊接前，首先利用打磨工具对焊缝两侧 15~25mm 处进行打磨处理，直到露出金属光泽；其次对焊缝进行清根处理，保证坡口形式能满足焊接熔合要求；最后需要用中性焰对焊缝进行焊前预热，预热温度控制在 100℃~120℃。图 2 为部分焊接工具。

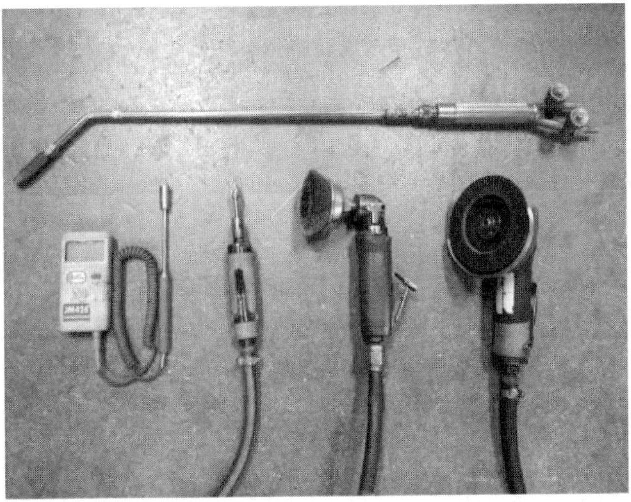

图 2　焊接工具

2. 打底焊接

采用停顿式焊接手法进行焊接，焊接顺序为 PC1 → PF（立向上焊）→ PC2（如图 3 所示）。焊接 PC1 时，焊接电流使用 200A。在转换到 PF 位置时，通过焊枪电流调节器，将电流调整至 180A，其他参数及焊接手法保持不变，继续焊接。在转换到 PC2 位置时，将电流调整至 140A，采用上停下带式焊接手法进行焊接，其他参数保持不变。焊后进行打磨、清理焊缝。焊后效果如图 4 所示。

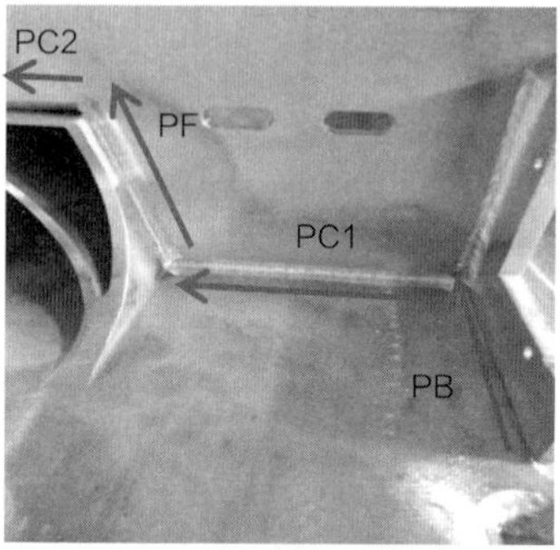

图 3　焊接顺序图

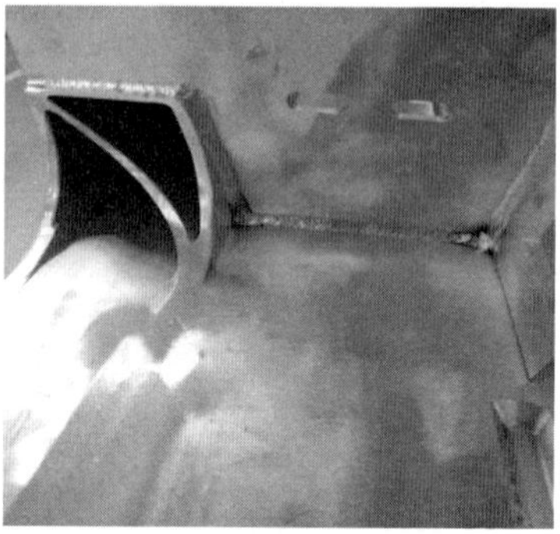

图 4　打底焊接效果

3. 填充焊接

此道焊缝采用的是停顿加小月牙式焊接手法，焊接顺序为 PB → PC1 → PF → PC2。焊前使用测温仪监测打底焊后的温度。当温度降低到 100℃，采用停顿式焊接手法，由 PB 位置开始起弧焊接，此时电流为 200A。转换到 PC1 位置时，参数不变，焊接速度稍缓，保证熔池充分打开。在转换到 PF 位置时，将电流调整至 180A，采用小月牙式手法进行焊接，其他参数保持不变。在转换到 PC2 位置时，将电流调整至 150A，采用上停下带式手法进行焊接，其他参数保持不变。焊后效果如图 5 所示。

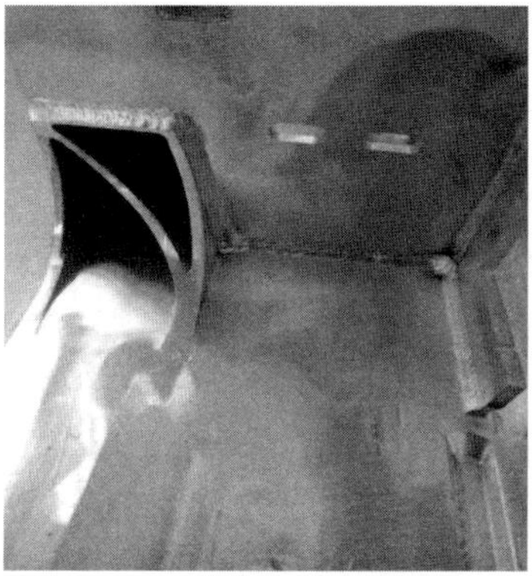

图 5　填充焊接效果

4. 第一道盖面焊接

此道焊缝采用停顿式焊接手法，焊接顺序为 PB → PC1，预热温度 100℃，焊接电流 200A。焊后效果如图 6 所示。

图 6　第一道盖面焊接效果

5. 第二道盖面焊接

此道焊缝采用的是停顿加月牙式焊接手法，焊接顺序为 PB → PC1 → PF → PC2。在焊接到 PB → PC1 转换的拐角时，注意熔池控制，采用画圈的手法将拐角带过，保证拐角熔合。PC1 → PF 转换时，注意要将持枪手抬高，保证熔池充分打开，采用画大月牙的焊接手法，将横角焊转立焊的拐角完全盖过，达到充分熔合。PF → PC2 转换时，采用画小圈的焊接手法。这样既能保证焊缝充分熔合，同时也可以避免咬边等焊接缺陷的产生。焊后效果如图 7、图 8 所示。

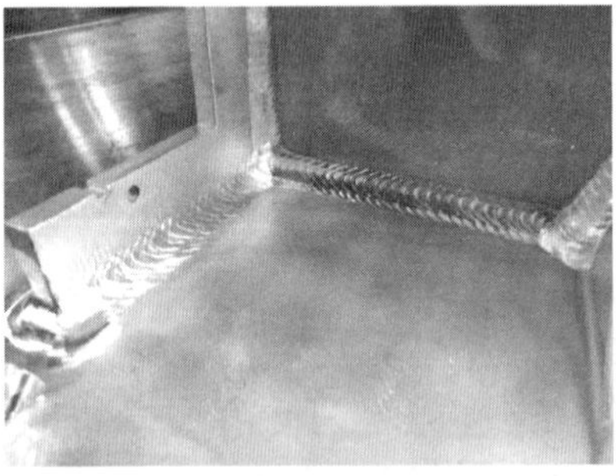

图 7　焊缝完工细节

图 8　焊缝完成整体效果

三、实施效果

经过多台车体焊接验证，相较于传统焊接方法，采用新方法焊接组合焊缝后，有效减少了焊接缺陷和焊接接头，焊缝强度和焊缝成型效果都得到大幅提升，在焊接位置改变的情况下，实现焊接不停弧，整条焊缝一枪完成，生产效率提升近 40%。对比效果如表 1 所示。

表 1　对比效果

	咬边	未熔合现象	接头数量	焊缝成型效果
传统焊接方法	有	有	5~6 个	不良
创新焊接方法	无	无	2 个	良好

扫码观看视频讲解

（中车长春轨道客车股份有限公司：吕明）

4 铝合金薄壁中空型材的焊接修复方法

一、问题描述

地铁车辆在运行过程中受电弓出现故障，且由于操作人员操作不当，强行送电，导致高达 1500V 的高压电将受电弓槽上的铝型材击穿。在拖运过程中，又遇到一场大雨。雨水注入受电弓槽型材内，流入电器柜中，如不能修复，则直接经济损失将超过 100 万元。需对受损的受电弓槽进行焊接修复。如将故障地铁车辆拖回公司进行修复，修复周期长（约 30 天），影响地铁的正常运转。因此，为了减少损失、确保地铁的正常运行，决定在车辆段对受损的受电弓槽进行焊接修复。

焊接难点如下：对现场进行了认真检查，发现受电弓槽铝型材上原有的搭接焊缝表面已经熔化变色，在焊缝两侧各有一个直径 20mm 的孔（如图 1 所示）。由于高压电流的击打，孔的边缘已经熔化变形，且铝型材的两层均被击穿，在型材下面有一个直径约 8mm 的小孔。由于铝型材两层均被击穿，并且击穿部位在原有焊接焊缝上，给焊接修复带来了一定的困难。

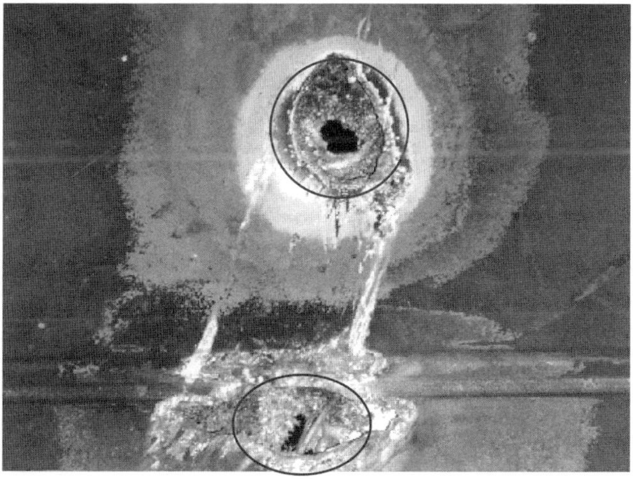

图 1　受破坏的受电弓槽

二、解决措施

1. 修复方案的选择

受电弓槽是由七块铝型材插接拼焊而成，铝型材多为中空（如图 2 所示），内外各一层，因此两层有缺陷的部位均要切除干净，再取相同大小、相同位置的相同型材做补板来焊接修复表面缺陷部位。受电弓槽已与车顶组焊成一体，而现场也没有设备能将一节超过 20m 长的地铁车辆翻转，因此只能采用仰焊，焊接难度大。

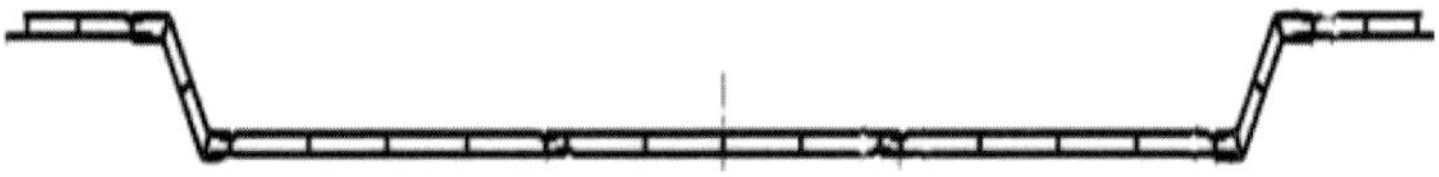

图 2　受电弓槽整体示意简图

2. 焊接前准备工作

焊接应在清洁、防风和干燥的环境下进行。将受损的地铁车辆拖入厂房内，并做绝缘处理，以保证操作人员的安全。按本工艺措施的要求准备好相应的施工器材。

3. 修复工艺过程

（1）清理缺陷。

确定表层去除缺陷的孔的尺寸（为方便下一层的操作，可以适当放大表层切除尺寸）。在型材表面画一个170mm × 200mm 的方框，用切割砂轮将缺陷部位去除，并保留原有搭接焊缝下铝型材内的加强筋。对缺陷坑进行清洗、修整，用干燥的压缩空气把铝材内的雨水吹干，用有机熔剂（丙酮）擦拭型材内部。同时，为了避免应力集中，用旋转锉将 4 个直角修成圆角。受电弓槽下一层的孔的大小根据受损面积来定，可画 20mm × 30mm 方框并采用相同的方法切除。

（2）加工坡口。

采用旋转锉手工加工坡口，坡口角度为单边 35°，钝边 0.5~1.0mm，装配间隙为 0~1mm。禁止用砂轮打磨坡口，以免砂粒及其黏结剂压入母材导致污染，影响焊接质量。坡口加工要光整，没有毛刺和陷坑。

（3）清理表面和坡口。

清理焊接区的油污和灰尘等杂质。表面的油污在电焊热的作用下分解，从而引起焊缝金属产生气孔等缺陷。而铝表面的氧化膜，可用机械方法清除，如用不锈钢丝刷，应注意不宜用力过猛，以免将清理出来的氧化膜重新压入母材。要特别注意，不能用手触摸清理后的焊件的接头区。

（4）焊接。

①定位焊。

定位焊的长度和高度应与材料的厚度相适宜，在满足强度的前提下，长度应尽可能缩短。焊前将定位焊焊点的两端磨成平滑过渡状。为了避免焊缝与定位焊焊点连接处出现裂纹，最好在焊至定位焊焊点之前用旋转锉将定位焊焊点全部磨掉。

②焊接工艺参数见表 1。

表 1　焊接参数

板厚 /mm	接头形式	焊接层数	焊接位置	焊丝直径 /mm	焊接电流 /A	焊接电压 /V	气体流量（L/min）
3+3	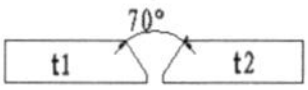	1	PA	1.2	90~110	22~24	17~19
3+3		1	PE	1.2	140~160	21~23	17~19

③内部孔的焊接。

因为内部方孔的焊接是在表面大方孔内进行的，所以在内部孔的背面加上可去除的不锈钢垫板，适当加大装配间隙，以 1.5~2.0mm 为宜，保证铝材与补板熔合良好，而不锈钢垫板可保证背面成型。待焊接部位完全冷却后，取下不锈钢垫板，在受电弓槽的下部将焊缝背面磨平。

④表面补板的焊接。

受电弓槽原有的搭接焊缝已经被切除掉，切除部位的方孔需要用两块补板组成搭接接头。可在受电弓槽相同位置的铝型材上分别切取与方孔大小相同的两块补板。为防止铝型材焊缝及近缝区塌陷并利于焊缝根部熔合良好，在对接焊缝的背面加永久垫板，垫板材质与母材相同。

在方孔的四周加永久垫板。先组装搭接焊缝下面的一块补板，将对接焊缝焊完，将其与另一块补板的接触处磨平，再组装另外一块补板，焊接完毕，待完全冷却后，将对接焊缝磨平、抛光。最后焊接搭接焊缝，并将其与原焊缝的接头处修磨圆滑。

（5）质量检查。

焊接修复的所有焊缝经100%的着色探伤检验，未发现裂纹和气孔等超标缺陷，符合ISO 10042的C级标准。将焊缝的表面涂上油漆后，效果良好，无修复痕迹。

三、实施效果

采用此方法修复后的地铁车辆在运行过程中未发生任何渗漏现象。由此可见，采用这种新的挖补装配焊接方式对铝合金中空薄壁型材进行焊接修复是可行的，具有广泛的推广价值和一定的经济效益。

扫码观看视频讲解

（中车南京浦镇车辆有限公司：孙景南，吴斌，伍云翔，师权，魏文先）

5 铝合金厚板对接立焊打底操作方法

一、问题描述

根据铁路车辆及其部件的焊接体系规定，焊工需根据ISO 9606标准要求考取焊接资质，其中铝合金厚板对接立焊单面焊双面成型考试项目（EN ISO 9606-2 131 P BW 23 S t12 PF ss nb，如图1所示）在铝合金生产制造过程中得到了广泛的应用。

该考试项目的难点在于单面焊双面成型对焊工技能具有很高的要求。现有焊接普遍采用直线行走法或直线停顿法。

图 1　铝合金厚板对接立焊单面焊双面成型考试项目

直线行走法为焊接时沿焊接方向直线移动，焊接速度快、散热快，对焊接姿势有一定要求；直线停顿法为焊接时沿焊接方向做来回停顿动作，焊缝窄、散热快。

这两种焊接手法对焊工的技能要求都比较高，在培训过程中容易出现以下问题。

（1）因铝合金焊缝在熔化状态下强度低，导致背部成型难，在进行焊缝焊接时收缩量较大，易出现根部错边等情况，进一步加大了打底焊背部成型及熔透的难度。

（2）因铝合金散热快，打底焊需用大电流快速焊接，容易出现因焊工手法不稳或操作手法差异而导致的未焊透、焊缝被击穿等问题。根据考试要求，焊缝要一次焊接成型，这些缺陷导致焊工的培训周期增长，一般需 30~45 天才能通过标准考核。

（3）根据企业用工要求，需压缩培训周期。如果还采取传统的操作方法进行培训，培训时长就会远远超过企业要求的时长。

提升考试一次通过率是压缩该项目证书培训周期、实现企业降本增效的重要手段，非常有必要研究一种既可以保证打底焊背部成型，又可以防止焊缝被击穿，且普遍适用的低难度新型操作手法来改进培训工作。

二、解决措施

铝合金打底焊具有“大电流、快速焊”的操作特点，结合铝合金的特性分析可得出结论：焊接速度及运枪方法是影响根部焊缝质量的主要问题。采用一种新型铝合金厚板对接MIG立焊打底焊接操作方式，用下顿式“之”字斜拉法代替对技能要求较高的直线行走法或直线停顿法，有效地降低了操作难度，既可以保证打底焊背部成型，又可以防止焊缝被击穿。

1. 改进措施

（1）改进根部间隙组装方式：打破传统铝合金对接焊缝单面焊双面成型无间隙的传统思维，在进行工件组装时，起弧端至收弧端的间隙由“0”到“1”，形成“V”形渐变过渡形态。用“V”形渐变间隙组装法代替“I”形零间隙组装法，在焊接过程中可以通过预留间隙来抵消焊接横向收缩导致的接头根部错边现象（如图 2 所示）。

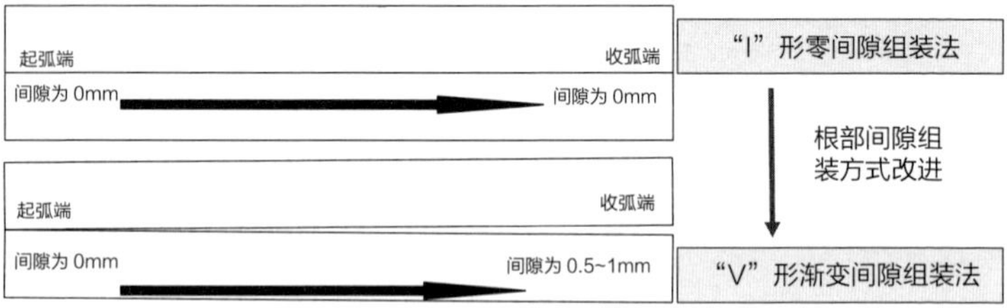

图 2　改进根部间隙组装方式

（2）改进焊接手法：打底焊采用“之”字斜拉下顿法来代替对技能要求较高的直线行走法或直线停顿法，填充焊和盖面焊分别配以“反月牙法”和“直线快速斜拉法”，再配以合适的焊接参数，降低焊接速度，使焊接操作难度减小。图 3 为新型焊接手法与传统焊接手法效果对比。

2. 实施过程

（1）焊前准备。

①试板调直：观察焊接试板，利用平尺测量坡口根部直线度，通过调直试板来确保试板预组对后无错边现象。

②坡口修磨：准备 35° 零钝边坡口，组对前将钝边打磨

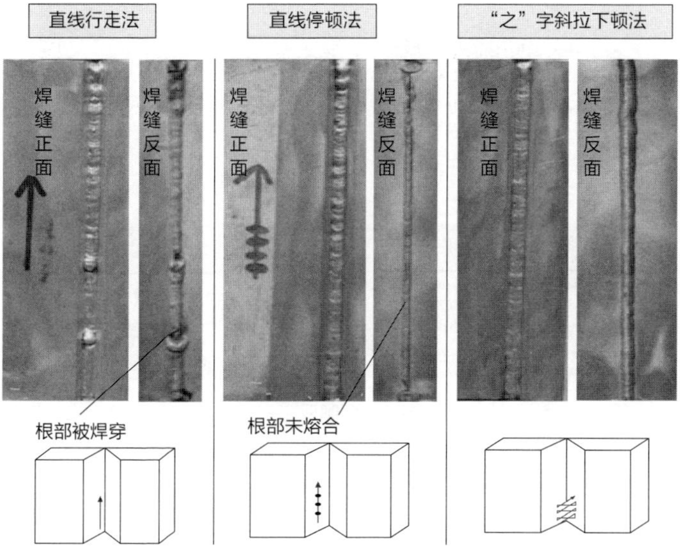

图 3　新型焊接手法与传统焊接手法效果对比

至 0.5~1mm，以备焊接。

③试板组对：由于铝合金厚板焊接收缩量比较大，组对时要解决收缩问题，起弧端间隙为 0mm，收弧端间隙为 0.5~1mm，形成"V"形渐变间隙组装形态（如图 4 所示），间隙由小到大。

④预制反变形，试板组装时预制 3° 反变形，抵消焊接过程的角变形（如图 5 所示）。

以上是为了解决因热输入量过大导致的试板错边问题。

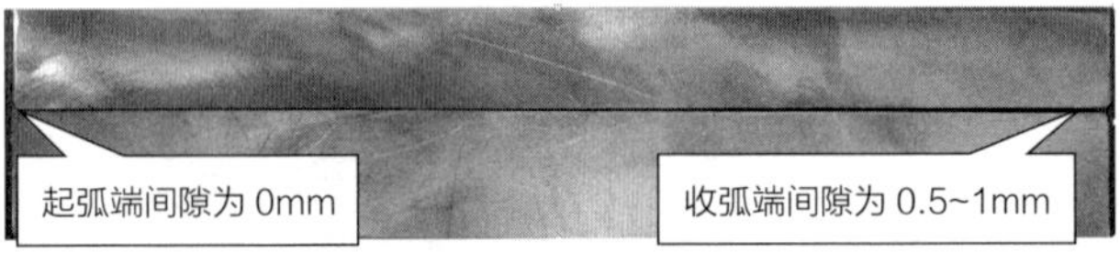

图 4　“V”形渐变间隙组装

图 5　预制反变形

（2）焊接过程。

传统焊接方式采用直线停顿法或直线行走法，熔池中心在坡口根部 0.5~2mm 处，容易出现被击穿现象。为了解决这个问题，采用“之”字斜拉下顿法进行焊接，焊枪与母材角度为 85° ~90° ，最大化利用电弧机械作用力解决铝合金熔池流动性问题。如图 6、图 7 所示。

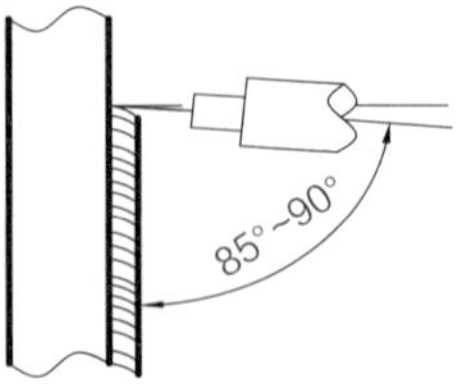

图 6　焊枪角度

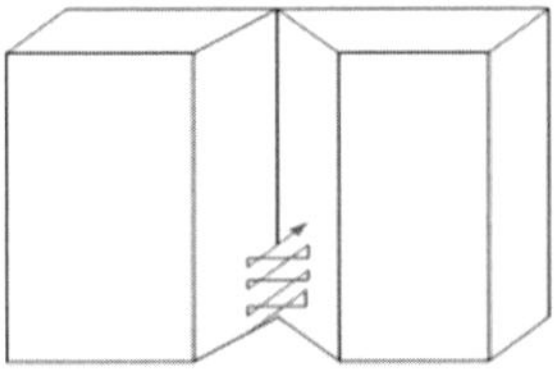
图 7　焊接示意图

“之”字斜拉下顿法可以分解为两步：第一步为“之”字斜拉；第二步为“下顿”。两个连贯的操作手法如图 8 所示，具体如下：

①第一步：“之”字斜拉。斜拉后同时向下回顿一下，然后向反方向重复这个动作，斜拉的起弧位置在 V 形坡口 3mm 处，下顿位置同样也是 V 形坡口 3mm 处，形成“3mm—1mm—3mm”的渐变过程，纠正焊缝偏心问题。斜拉的主要目的是解决焊缝被击穿问题，在同样的焊接参数下，板厚越厚，被击穿的概率越低。

②第二步：“下顿”。下顿的目的是弥补在 3mm 位置电弧机械作用力缺失问题，这种手法与传统的在焊缝两侧停留片刻的锯齿形运条法有一定区别。

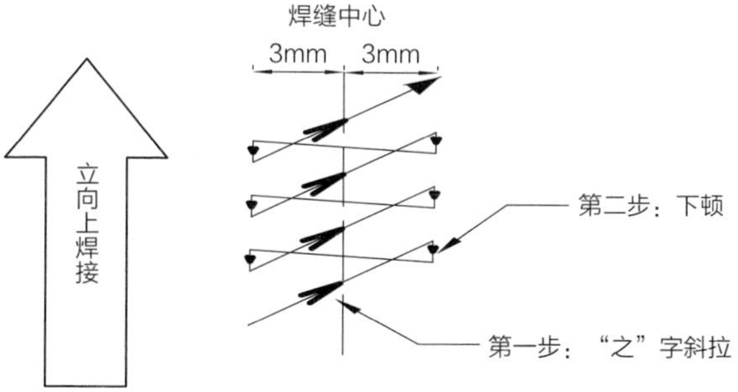

图 8 “之”字斜拉下顿法示意图

通过两个手法的连贯性有效地解决了焊缝容易被击穿和未焊透的问题。打底焊缝完成后，采用“反月牙法”进行填充焊，有利于焊接过程中气体充分溢出，使得熔深较好。盖面采用“直线快速斜拉法”，同样有利于气体充分溢出，使得母材结合面的接头焊缝的金属熔合得较好，波纹细密美观（如图 9 所示）。

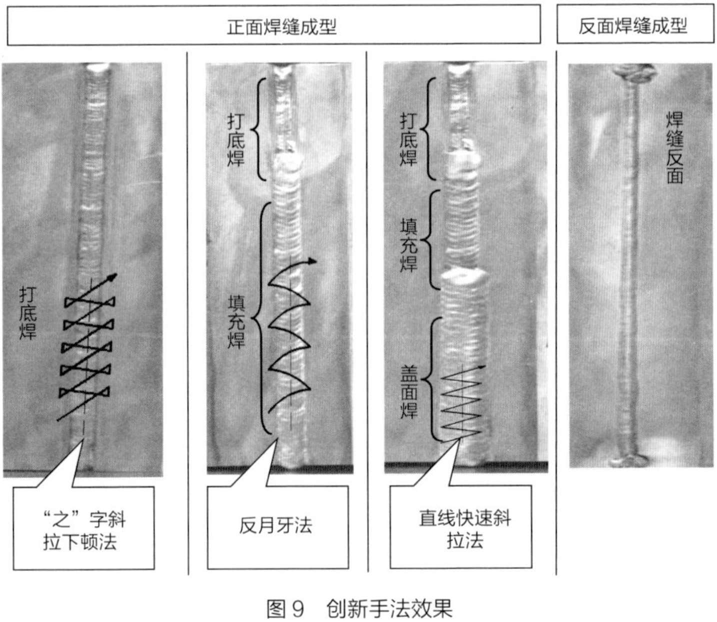

图 9　创新手法效果

检测断口或进行金相试样可知，焊缝熔合良好，气孔没有增多，满足 ISO 10042 等相关标准要求（如图 10 所示）。

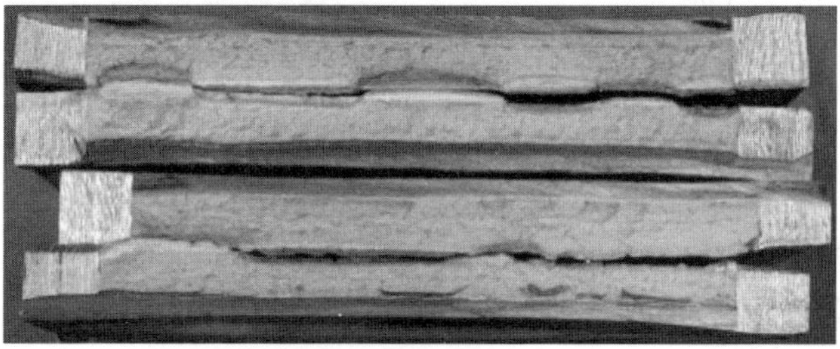

（a）焊缝断口

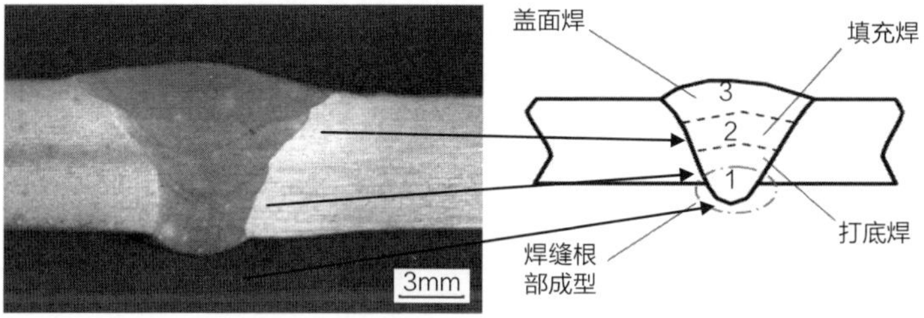

（b）焊缝宏观金相

图 10　焊缝断口、宏观金相照片

三、实施效果

新的焊接操作法降低了操作难度，使得单面焊双面成型成功率达到 95% 以上，培训效果提升显著。培训周期缩短至 7~12 天，比原来减少 23~33 天，工作效率提升 70%。每人每天节省试板 5 副，一个培训周期可节省 115~165 副；每副试板价格 200 元，每个培训周期可节省试板成本 2.3 万 ~3.3 万元，年累计可为公司节省成本近百万元。目前这些焊接操作法已在培训中得到推广应用，并可被借鉴运用到类似结构上。

扫码观看视频讲解

（中车青岛四方机车车辆股份有限公司：高斌，王忠平，张合礼，高洪山）

6 铝合金角焊缝平转立拐角操作方法

一、问题描述

在铝合金车体的焊接制造中，有大量的平角焊和立角焊相衔接的角焊缝（如图 1 所示）。传统的操作流程是先焊接平角焊缝，焊接结束后对平角焊缝的收弧部位进行打磨修整，确保收弧处清洁无缺欠，然后在此部位起弧焊接立角焊缝。

在焊接过程中存在的问题如下。

（1）对平角焊缝的收弧部位要进行清理整备（如图 2 所示）。平角焊缝焊接结束后，收弧部位存在焊接缺欠现象的概

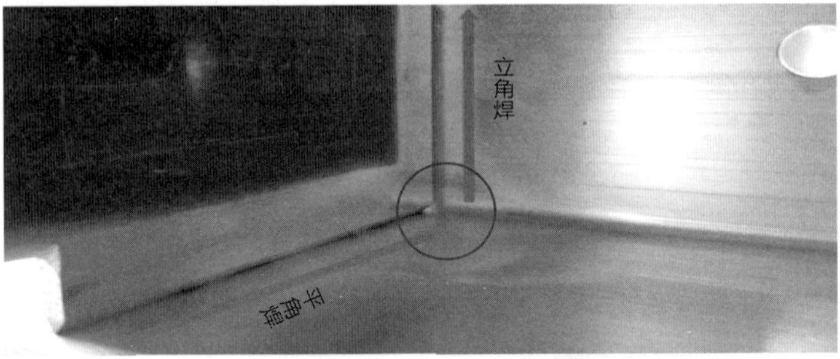

图 1　平角焊缝与立角焊缝接头示意图

率较大。每次平角焊缝焊接结束后、立角焊缝焊接前，都要对平角焊缝的收弧部位进行清理整备，降低了生产效率并且增加了耗材的使用量。

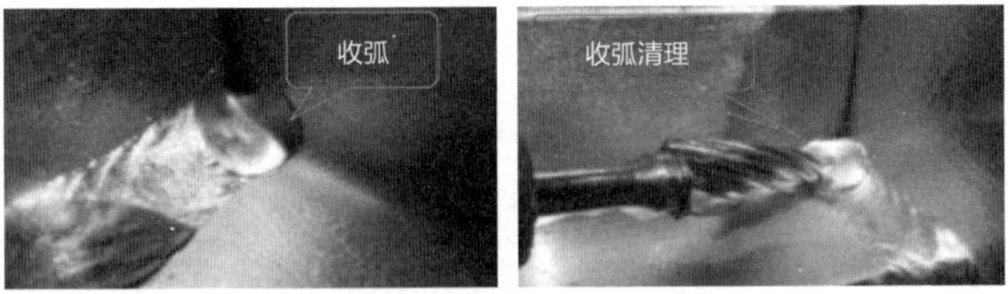

图 2　平角焊焊缝收弧处状态

（2）在进行立角焊缝的焊接时，起弧点与平角焊缝收弧部位会产生衔接不良等焊接缺欠现象。在焊接立角焊缝时，由于空间受限，起弧处的焊枪角度不能调整到最佳。同时，由于铝合金的焊接特性，容易在起弧处产生余高超差和熔合不良的问题（如图 3 所示）。这些问题都要在焊接结束后进行清除和修复，在影响焊接质量的同时，也降低了生产效率，增加了耗材的使用量。

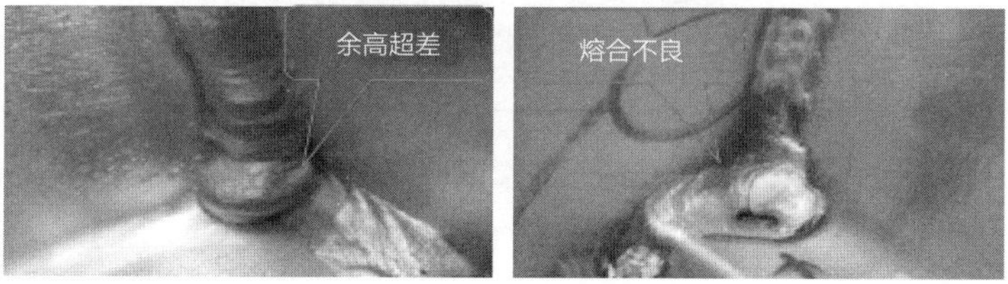

图 3　立角焊缝起弧易产生的问题

二、解决措施

针对角焊缝 PB（横角焊）+PF（向上立焊）组合衔接处产生焊接缺欠、生产效率低等问题，提出了“角焊缝从平焊到立焊整个过程不停弧、一次性完成”的焊接操作方法。该方法采用三种不同的操作手法来实施，通过验证确定最佳操作手法，对比分析如下。

（1）在平角焊和立角焊的拐角处采用“直线”的焊接手法，焊接手法如图 4 所示。

操作手法：先焊接平角焊位置，当焊接到平角焊、立角焊拐角处时，不进行摆动，采用和平角焊一样的直线手法。

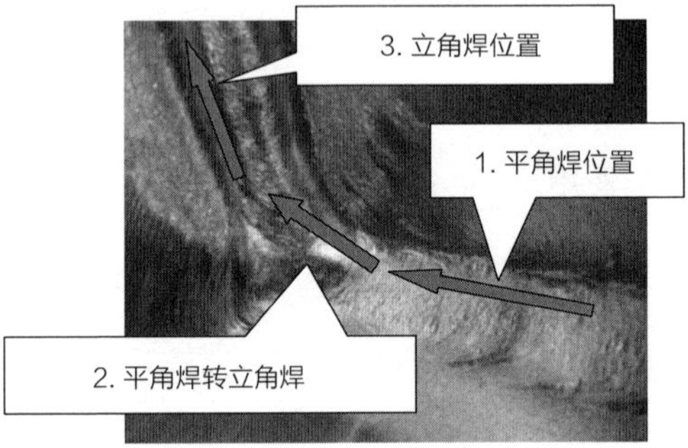

图 4　采用“直线”的焊接手法

焊接到立角焊位置时，利用焊机的“4 步”功能切换到立角焊电流，进行立角焊接。

优点：实现各大部件平角焊转立角焊的小焊角焊接要求，节省打磨时间。

缺点：能满足小焊角的要求，但不能焊接焊角较大的焊缝；在平角焊转立角焊时操作不灵活，焊缝较窄，焊缝外观尺寸不容易掌握。

（2）在平角焊转立角焊的拐角处采用“小锯齿”的焊接手法，焊接手法如图 5 所示。

操作手法：先焊接平角焊位置，当焊接到平角焊、立角焊拐角点时进行横向摆动小锯齿状的焊接操作。焊接到立角焊位置时，利用焊机的“4 步”功能切换到立角焊电流，进行

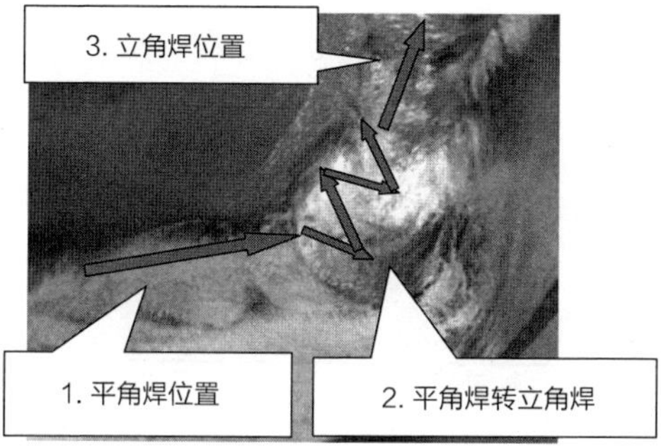

图 5　采用“小锯齿”的焊接手法

立角焊接。

优点：实现各大部件平角焊转立角焊的大焊角焊接要求，节省打磨时间。

缺点：虽然可完成较大焊角的焊缝，但是在平角焊转立角焊的拐角处焊缝过渡不圆滑，产生焊接缺欠现象的概率较大，焊缝外观尺寸控制困难。

（3）在平角焊转立角焊的拐角处采用“圆圈”的焊接手法，焊接手法如图 6 所示。

操作手法：先焊接平角焊位置，当焊接到平角焊、立角焊拐角点时，由内向外画圈进行焊接。焊接到立角焊位置时，利用焊机的“4 步”功能切换到立角焊电流，进行立角焊接。

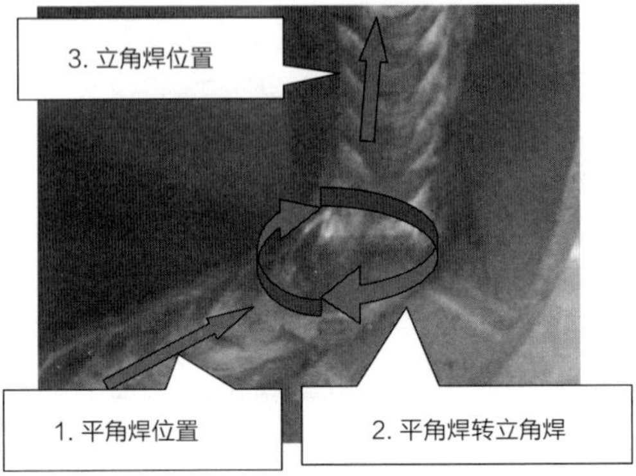

图6 采用“圆圈”的焊接手法

优点：满足各种板厚组合情况下平角焊转立角焊的焊接要求，焊缝过渡圆滑，焊角尺寸统一，成型美观，交叉点焊缝尺寸容易控制。

综上所述，在平角焊转立角焊的拐角处采用“圆圈”的焊接手法进行操作为最优的方案。在此基础上，为保证焊缝的外观和内部质量，对“圆圈”焊接操作的注意事项进行了归纳提炼，提出“一深入、二画圆、三停顿”操作要素，将此焊接操作方法命名为“拐角焊缝三步结合焊接操作法”。

“一深入”是平角焊与立角焊转换的第一步，指在焊接到平角焊缝结尾处时，电弧要深入平角焊和立角焊拐角处的根部，以确保根部拐角点的母材充分熔化，不能提前进行下一步操作，避免出现焊缝内部熔合不良的现象。

“二画圆”是平角焊与立角焊转换的第二步，指在平角焊与立角焊交叉处根部，待母材充分熔化后沿顺时针方向做画圈动作。此动作进行一次（一圈）即可。画圈的直径要与平角焊缝及立角焊缝的焊角尺寸相吻合，电弧要充分作用于拐角点的三面母材，主要目的是避免出现熔合不良问题，也能让平角焊和立角焊拐角处的焊缝过渡圆滑、美观。

“三停顿”是平角焊与立角焊转换的最后一步，指电弧画圈到立角焊缝中心位置（开始进行立角焊缝焊接的位置）时，将电弧在交叉点停顿一下。其主要目的：一是为立角焊缝的起始点得到充分熔合创造条件；二是由于拐角点体积较大，稍作停顿可以增加焊缝的填充量，确保拐角点焊缝圆滑饱满，提高外观质量。

三、实施效果

平角焊转立角焊拐角位置的焊接采用“拐角焊缝三步结合焊接操作法”，使平角焊缝和立角焊缝在不停弧的情况下一次焊接成型，有效解决了焊接位置转换时产生缺欠概率大、工作效率不高、耗材使用量大的问题，不仅保证了焊缝内部质量，还提升了焊缝的美观度和生产效率（如图 7 所示）。此方法已在铝合金车体的焊接制造中得到了广泛应用，取得了良好的经济效果，并在其他材料的类似接头焊接中有较高的推广价值。

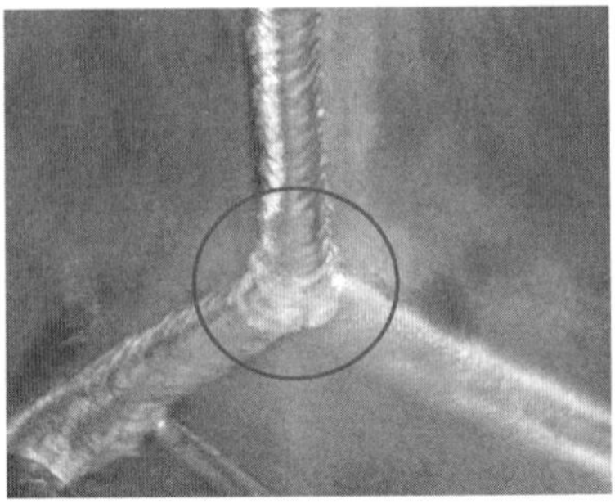

图 7　现场效果

扫码观看视频讲解

（中车青岛四方机车车辆股份有限公司：仲积峰，刘政威，冷康龙）

7 铝合金门角圆弧堆焊操作方法

一、问题描述

为保证高速列车侧门处的结构强度，门立柱与侧墙连接部位要增加门角补强板。门角补强板焊接部位的板厚为3~30mm。门角补强板与门立柱为搭接及T形角焊缝复合结构，焊缝位置涉及PA（平焊）/PB（平角焊）/PF（立向上焊），具体焊接结构及门角补强板如图1、图2所示。

门角补强板焊接难点如下。

给门角补强板定位时，一般是在立角焊位置进行定位焊。

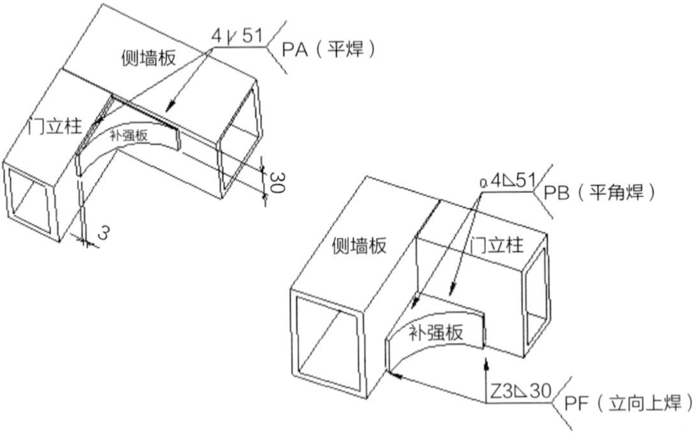

图 1　门角处焊接结构示意图

图 2　门角补强板实物图

该部位板厚差异大，且定位焊缝较短，易出现定位焊熔合不良的情况，打磨补强板与侧墙（门立柱）圆角连接的部位后，存在焊接裂纹的倾向较大。

焊接门角补强板时，由于接头处板厚差异大，焊接时接头处散热条件不均匀、热输入不均衡、厚板传热快，易出现未熔合缺陷；薄板散热慢，易出现焊穿甚至裂纹缺陷。如图3、图4所示。

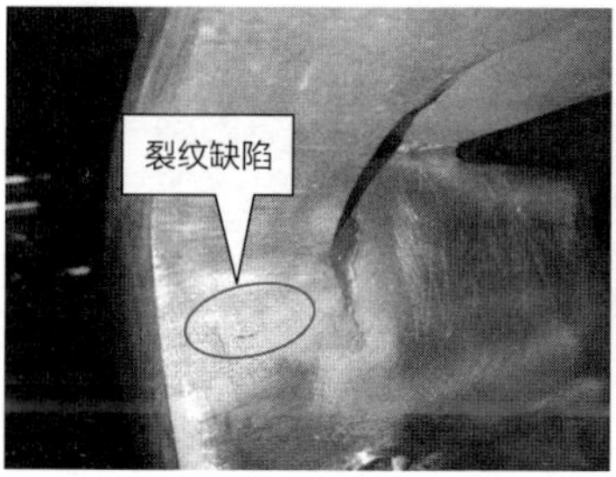

图3　门角补强板焊接裂纹缺陷

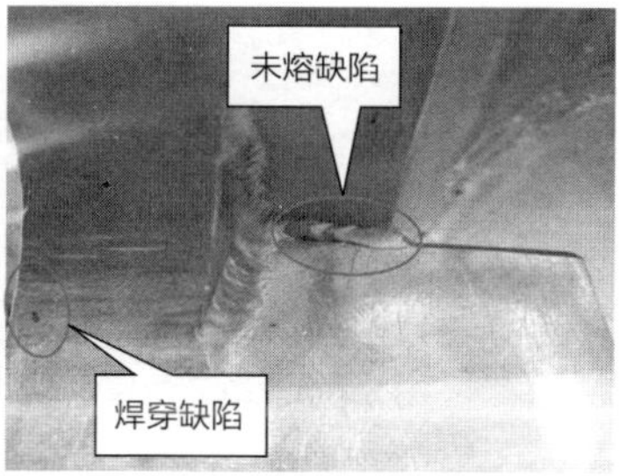

图4　厚板侧未熔合、薄板侧被焊穿

二、解决措施

本操作方法通过优化定位焊接位置、改善焊接手法来解决门角补强板板厚差异较大、热输入不均衡的焊接难题，避免了焊接过程中厚板侧未熔合、薄板侧被焊穿的问题。

1. 定位焊接优化

在进行定位焊时，选择在平焊位置进行定位焊，避免在立焊位置进行定位焊，定位焊长度 10~15mm。焊接完成后，先焊接立焊堆焊位置以对此件进行有效固定，然后通过打磨彻底去除平焊位置的定位焊缝，避免该处未熔合等焊接缺陷。如图 5、图 6 所示。

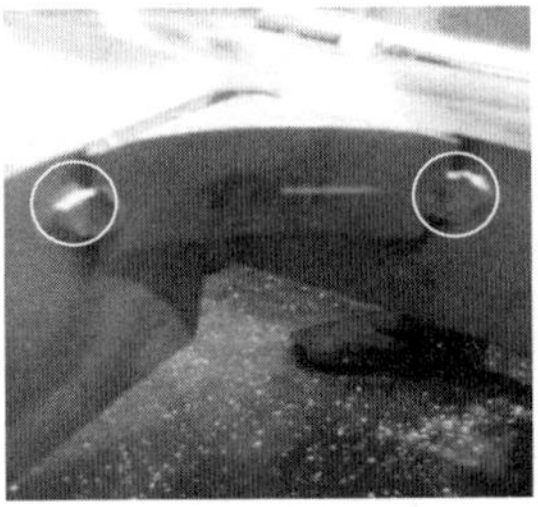

图 5　优化前定位焊位置

图 6　优化后定位焊位置

2. 焊接手法改善

由于板厚不同，焊接时接头两侧热传导效率不同。为了减少厚板侧未熔、薄板侧被焊穿甚至出现裂纹，对焊接手法改善如下。

（1）在平焊位置焊接时，正确调整焊枪角度（如图 7 所示）。对母材结构进行分析，因厚板散热慢，焊枪应指向厚板侧，角度为 60° ~70° ，以保证焊接质量。

（2）控制熔池在焊缝上的偏移。在补强板薄板位置时，焊枪的焊道走向偏向于侧墙一侧；在补强板厚板位置时，焊枪的焊道走向偏向于补强板厚板侧（如图 8 所示），以此来避免薄板过烧和厚板不熔合的情况。

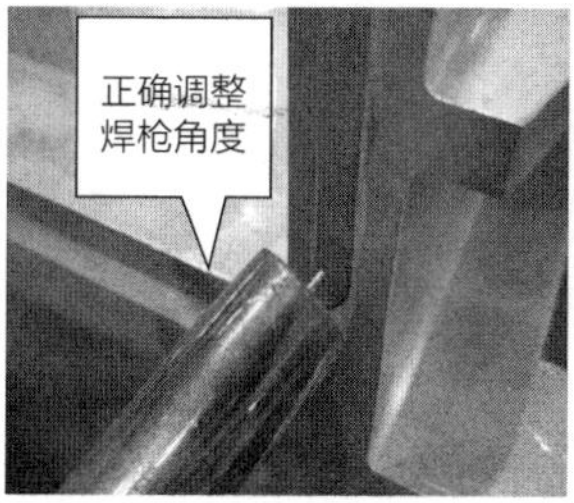

图 7　正确调整焊枪角度

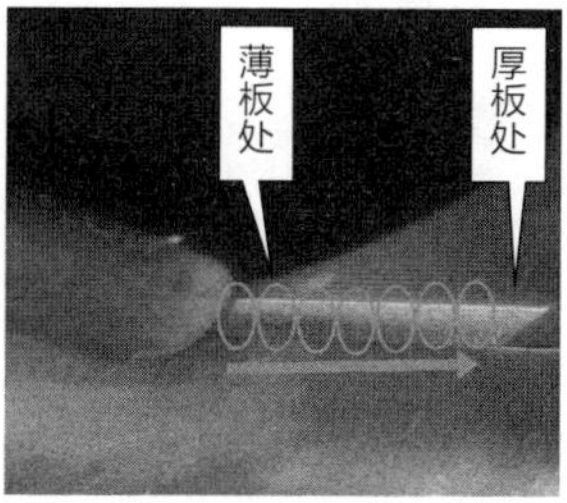

图 8　运条时电弧偏向厚板侧

（3）在立焊位置焊接时，对比不同的焊接方法发现，多层堆焊焊接可以有效地控制焊接热输入量，使得焊接缺陷明显减少，一次探伤合格率达到 98%，裂纹倾向也明显减少，因此采用多层堆焊焊接可有效地提高焊接质量。如图 9、图 10 所示。

图 9　改善前的连续焊接方法

图 10　改善后的多层堆焊焊接方法

焊接门角补强板时应注意：板厚差异较大时，应关注熔池的偏向，以避免焊缝成型不良问题；进行角焊缝焊接时，要调整焊枪角度来避免焊缝焊偏；焊接对接焊缝时，主要是控制熔池的偏移量；焊接侧门补强板时，为避免热裂纹的产生，应控制层间温度；焊接完成后，将圆弧部位打磨圆滑，保证结构强度。

三、实施效果

采用本方法对铝合金门角补强板进行堆焊焊接，实现了侧门位置补强板的圆滑过渡，避免了应力集中；通过对热输入量的控制、焊枪角度的控制、熔池偏移度的控制来优化焊接工艺，改善了焊接质量，避免了焊接质量问题的发生。如图 11、图 12 所示。

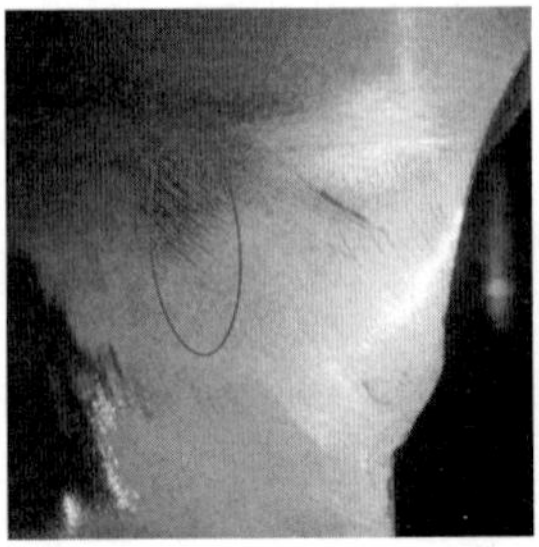
图 11　堆焊焊接优化前

图 12　堆焊焊接优化后

扫码观看视频讲解

（中车青岛四方机车车辆股份有限公司：

孙孝彦，孙福银，雷磊）

8 铝合金狭小空间复杂结构焊接操作方法

一、问题描述

在铝合金车体焊接试制过程中，对多台车进行着色渗透检查时发现，车体门脚焊缝缺陷项达 10~15 项，操作人员需要花大量的时间对每台车的缺陷进行返修，既影响了产品质量，又降低了生产效率。门脚示意图见图 1。

针对门脚焊缝出现的这些缺陷进行跟踪、统计和总结，缺陷主要表现为各种焊缝的端部及封口处未熔合，起弧、收弧焊缝不够饱满影响焊缝的精整，焊缝成型较差等方面。通过采用合理的焊接操作技能、对关键焊缝的操作方法进行改善，能有效控制门脚焊焊接缺陷的产生。

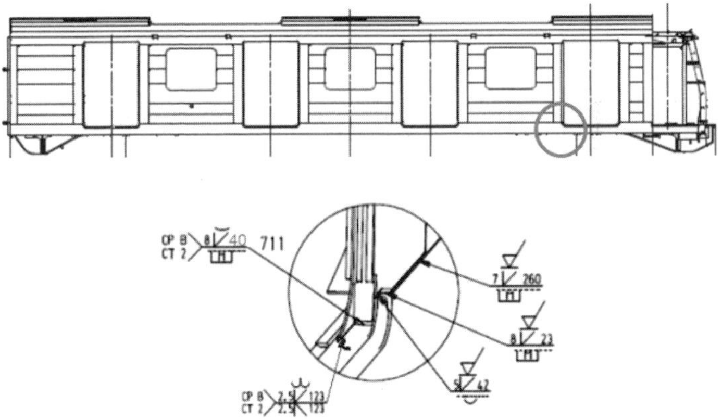

图 1　门脚示意图

二、解决措施

1. 焊接过程中需掌握的技能

（1）在焊接过程中，要时刻了解所焊接焊缝的板厚，及时根据板的厚度来调整焊枪的工作角度及焊丝对应的位置，确保厚板侧的焊缝熔合好，并有较好的熔深。薄板侧的焊缝既不咬边、不被焊穿，又有较好的熔深。

（2）在焊接过程中，要仔细听焊接电弧的声音、仔细看熔池的变化，根据焊缝位置、所焊的板厚及时调整焊接电流的大小、焊接速度的快慢以及焊枪角度的大小。

（3）根据焊接电弧的声音是柔和还是刺耳，可以确定打底层、填充层、盖面层的弧长修正值的大小匹配是否合适。当电弧发出刺耳的声音时，则适合进行打底层焊接；当电弧发出较柔和的声音时，则适合进行盖面层焊接；当电弧的声音介于刺耳与柔和之间时，则适合进行填充层焊接。

（4）通过观察熔池的大小，可判断熔池与母材及层间是否熔合。当熔池过大、过厚时，说明焊接电流偏大、焊接速度偏慢。

（5）注意观察熔池颜色的变化。焊接铝合金时，熔池的颜色偏白色，但其颜色的变化较细微，焊接时比较难以区分。当熔池的颜色为偏暗黄的白色时，则为正常状态；当熔池的颜色为亮白色时，证明母材即将被焊穿，此时应加快焊接速度或减小焊接电流。

（6）注意观察液态熔池在母材上有无凹陷。当熔池有凹陷时，证明焊接电流的大小合适、弧长值匹配适当、焊接速度合适，焊缝的熔深将会较好。当熔池无凹陷时，证明焊接电流偏小、弧长值偏大、焊接速度偏快，焊缝将无熔深且易产生未熔合缺陷。

（7）层道的分布很重要，将直接影响焊缝的质量与外观。不管是什么板厚与坡口，在打底焊或填充焊时，都需要一定量的坡口面，比如横角焊留 1~1.5mm 的坡口面，立角焊留 2~3mm 的坡口面，平角焊留 1.5~2mm 的坡口面等。

2. 关键焊缝的操作方法

（1）复杂焊缝的焊接。

门脚焊缝的组合较为复杂，有薄板与厚板组合的 T 形接头平角焊、直角转角至厚板与厚板组合的 T 形接头平角焊、直角转角至厚板与薄板组合的 T 形接头立角焊、直角转角至薄板与薄板组合的对接接头横角焊等，如图 2 所示。同时，门脚焊缝的焊接空间狭小，给焊接操作过程带来不便，因此容易造成焊缝未熔合、成型差、熔深不足等缺陷。

由于焊接空间狭小，要确保没有如图 3 所示方框内的停弧接头现象，就只能从起弧端不停弧地焊接至收弧端，一次性焊接完成。因为当焊缝出现了停弧接头或其他缺陷时，受空间限制，打磨工具无法进行有效打磨处理，易造成焊缝接头未熔合及接头过高、成型不美观等缺陷。

同时，为了避免出现直角转角处未熔合缺陷（如图 4 所

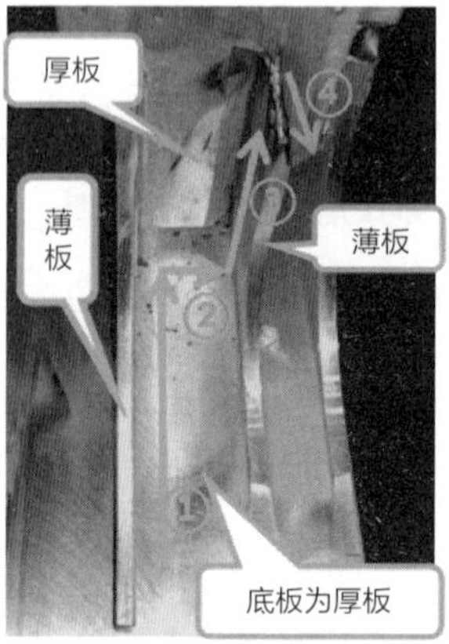

图 2　门脚实图

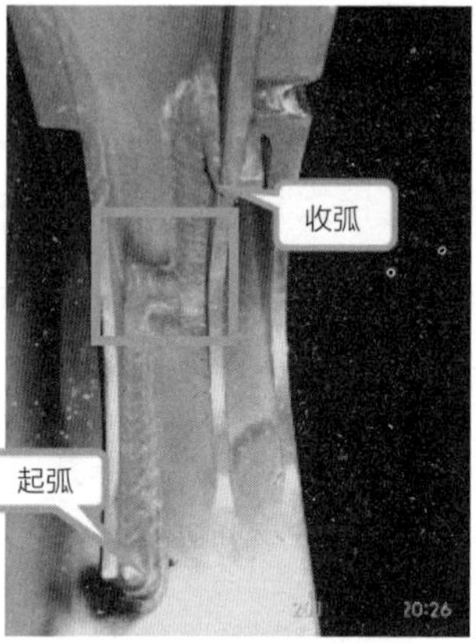

图 3　停弧接头

示），转角时要迅速调整焊枪角度及运条方式，并在转角处添加一个向外挑的斜圆圈运条，同时根据焊接位置、熔池形状迅速调节合适的焊接电流，使得整个焊接过程一气呵成。

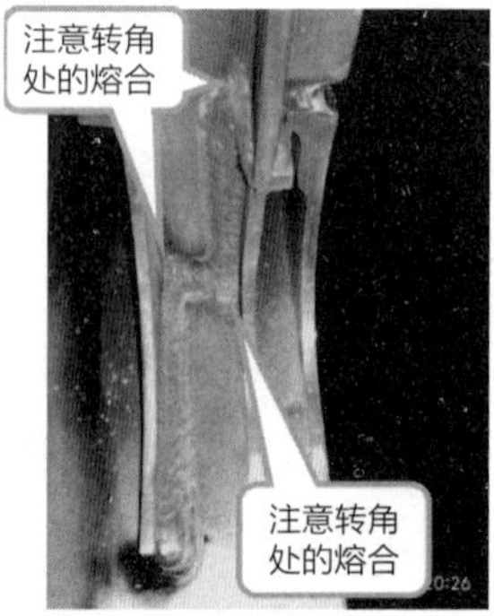

图 4　转角处的熔合

（2）门脚筋板的缺陷处理。

在对门脚筋板进行焊缝渗透探伤检测时，其出现缺陷的概率为 95%。主要的缺陷是熔合不良，常出现在打底层的焊缝上，如图 5 所示，产生缺陷的主要原因与焊缝的长度短有关。同时，门脚筋板有一个薄板与厚板连接的直角拐弯处，使得焊工在焊接时来不及迅速改变焊枪角度并增大电流。

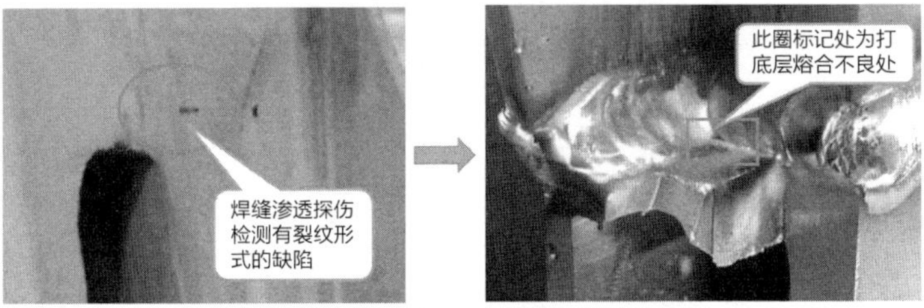

图 5　门脚筋板的焊缝缺陷

焊接盖面层时，要认真检查前道焊缝是否有表面缺陷。有缺陷时，应用直磨机将缺陷处理掉再焊接，如图 6 所示。

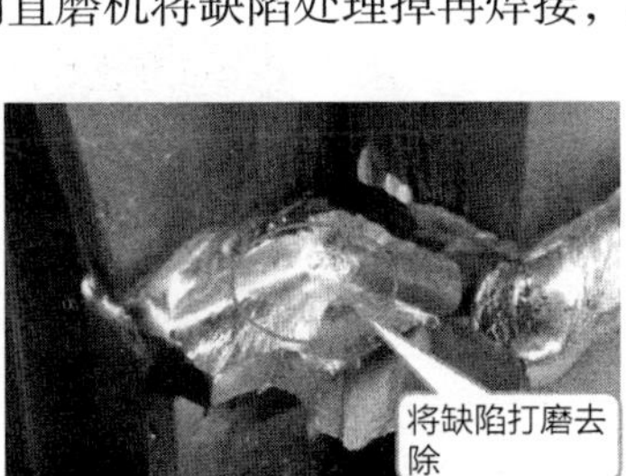

图 6　缺陷的处理

（3）焊缝端口的封口焊接。

焊缝端口的封口焊接最容易出现缺陷。在封口焊前，要将端口的焊瘤等缺陷清除干净后再进行封口焊接，如图 7 所示。

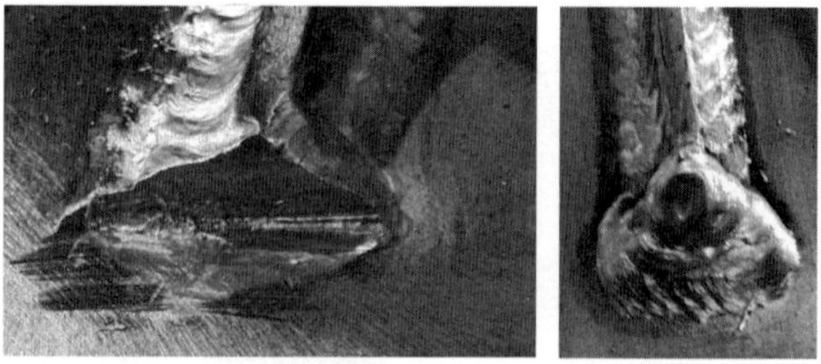

（a）端口打磨　　（b）封口焊的焊接

图 7　端口和封口焊接的处理

（4）门脚内侧交叉焊缝的焊接。

焊缝交叉时，填充金属应饱满且无未熔合缺陷，这样才能保证有足够的修磨量，确保焊缝圆滑过渡，如图 8 所示。

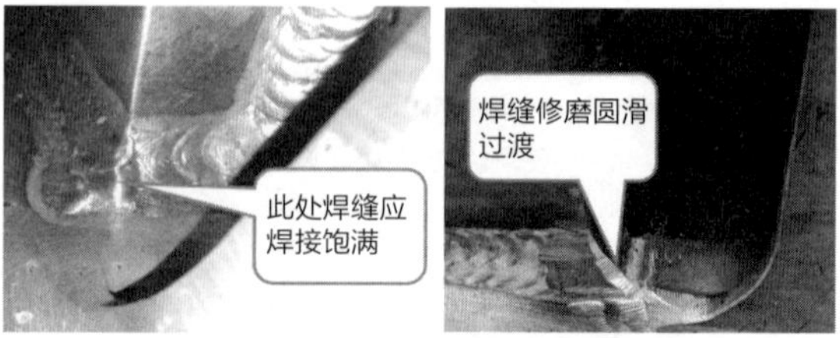

图 8　焊缝交叉处的焊缝成型

（5）弧坑裂纹的控制。

收弧处极易产生弧坑裂纹。焊接时，应迅速利用小电流连续焊接，将弧坑填满，如图 9 所示。

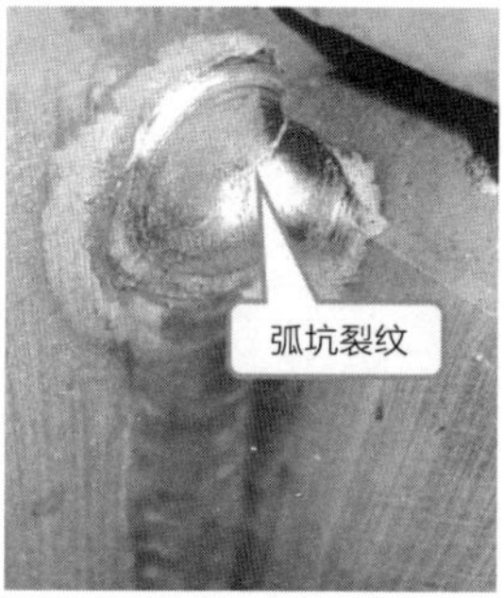

（a）弧坑未填满所致的弧坑裂纹

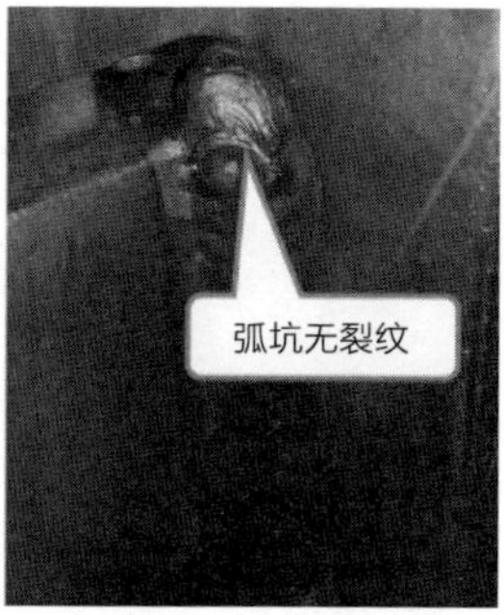

（b）利用小电流连续焊接填满弧坑

图 9　收弧坑

三、实施效果

采用上述焊接操作方法后，分别对 2 个铝合金车体项目各 20 台车的 800 个门脚焊缝进行着色渗透检查。统计可得，焊缝质量缺陷为 16 项，门脚焊接质量的一次合格率达 98% 以上。实践证明，上述门脚焊接操作方法效果较好，并可在后续类似项目的车体门脚焊接中全面推广应用。

扫码观看视频讲解

（中车株洲电力机车有限公司：刘文强，彭勇军）

9 铝合金型材密集型贯穿缺陷修复技巧

一、问题描述

为满足高速列车轻量化需求，铝合金中空薄壁双面型材在铝合金车体结构中广泛应用。在车体制造、转运等过程中，因铝合金型材的壁厚薄、结构中空，受磕碰或挤压时，型材表面局部位置会出现凹陷、撕裂等损伤。焊接型材时，表面易出现密集气孔、裂纹等缺陷。型材表面结构及典型表面缺陷如图 1、图 2 所示。

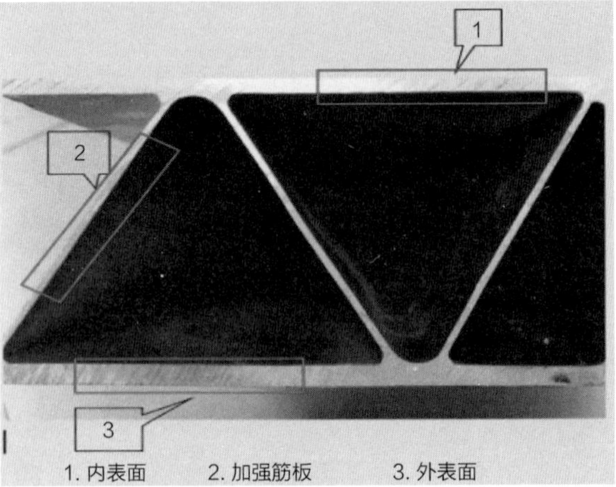

图 1　型材表面结构示意图

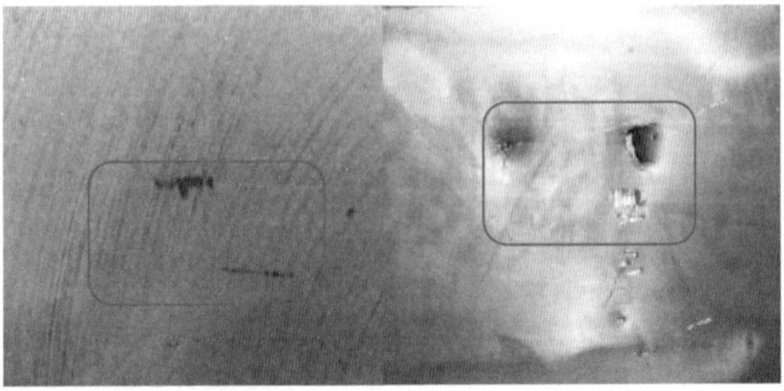

图 2　型材表面缺陷示意图

针对以上缺陷，传统修复工艺流程为完全清除缺陷后，使用 MIG 焊接方法，采用大电流快速焊接手法进行修复。因薄板在焊接过程中对热输入量敏感，修复完成后容易出现母材凹陷、拉裂等次生缺陷，一次性修复合格率低。进行多次修补后，接头部位热影响区软化现象严重，会导致型材强度降低。

基于铝合金中空薄壁双面型材修复难度大、修复合格率低的现状，针对型材结构特点，创新了缺陷修复工艺方法，即采用中空薄壁型材低损伤、小热输入量修复技巧，降低MIG焊接修复难度，提高中空薄壁型材修复合格率，保证型材修复部位结构强度，修复后达到与母材外观一致、效率高、焊缝质量优的效果。

二、解决措施

新型低损伤、小热输入量修复方法工艺流程为“清除缺陷—衬垫板安装及焊接—补板安装及焊接—焊后处理—焊缝检验”。

根据缺陷范围大小清除型材缺陷区域，形成待修补区域。为减少修复后的应力集中现象，待修补区域边缘形状应规则且圆滑，不能存在尖角及直角，圆弧部位半径应大于10mm。典型缺陷范围及待修补区域如图3所示。

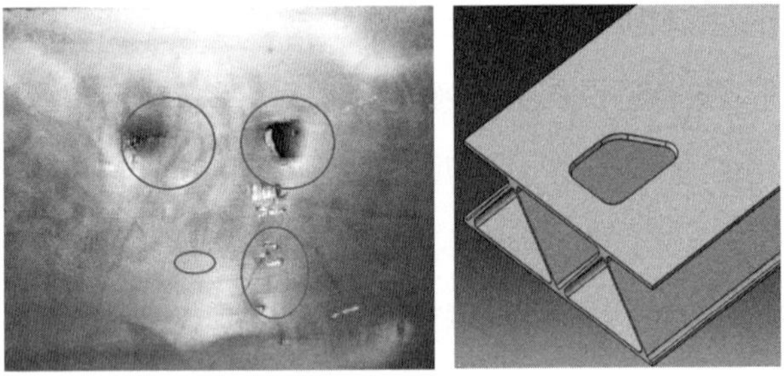

图 3　典型缺陷范围及待修补区域

1. 衬垫板安装与焊接

根据待修补区域形状预制永久性衬垫板，衬垫板的形状与待修补区域相同，其尺寸比待修补区域大 20mm 左右，厚度在 3~6mm，材质与母材一致。根据待修补区域形状预制补板，补板形状与待修补区域相同，其尺寸比待修补区域小 2~4mm，厚度、材质与型材一致，如图 4 所示。

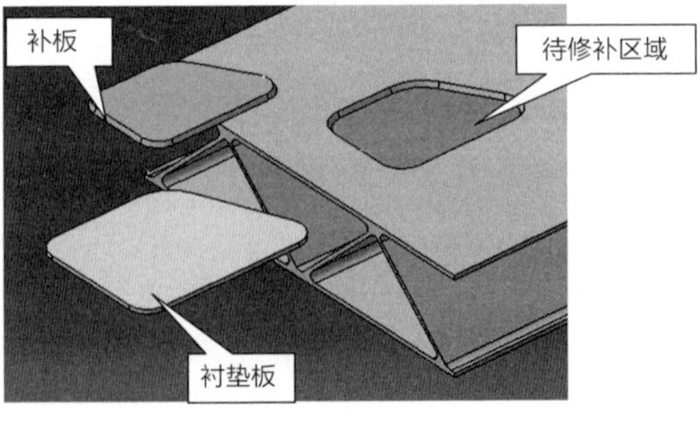

图 4　衬垫板、补板预制

在安装衬垫板时，先去除衬垫板表面的氧化膜和油污，然后将衬垫板置于型材腔内进行焊接固定，固定时必须与型材贴合紧密，图 5 为衬垫板的安装示意图。在焊接衬垫板与母材的搭接焊缝时，可分两段进行焊接。

图 6 为衬垫板焊接示意图，首先焊接 F1 焊缝，起弧点与收弧点分别位于上下焊道的中间部位；其次清理黑灰，修整起弧点、收弧点，需修整成斜面圆弧过渡状，修整长度在 5mm 左右，图 7 为起弧点、收弧点修整示意图；最后进行 F2 焊缝焊接，起弧点、收弧点与 F1 焊缝重合，两条焊缝的焊接参数如表 1 所示。

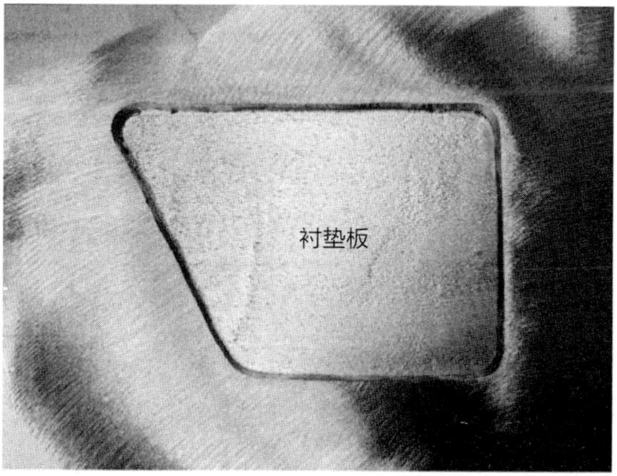

图 5　衬垫板安装示意图

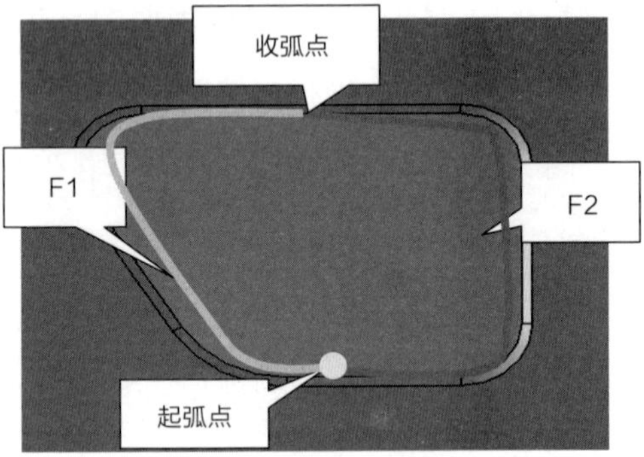

图 6　衬垫板焊接示意图

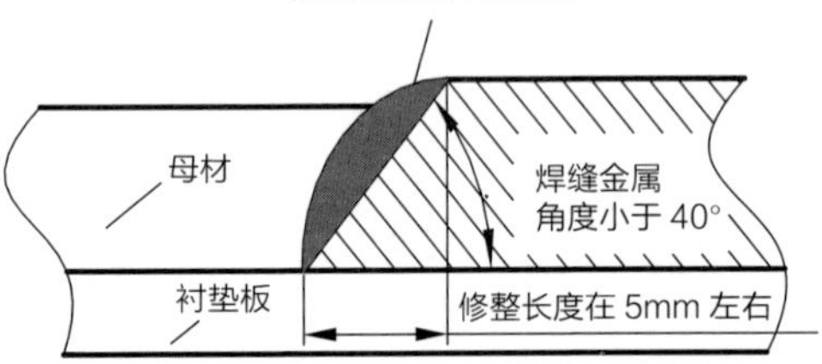

图 7　起弧点、收弧点修整示意图

表 1　主要焊接工艺参数

焊道	焊接方法	电流（A）	电压（V）	气体流量（L/min）	焊接速度（mm/s）
F1	131	130~140	18~21	18~22	5~6
F2	131	130~140	18~21	18~22	5~6

焊接完成后，需对整条焊缝进行修整，要求修整为 V 形

坡口，坡口角度为 30° ~35° ，底部焊缝宽度保留 3mm 左右。图 8 为焊缝修整示意图。

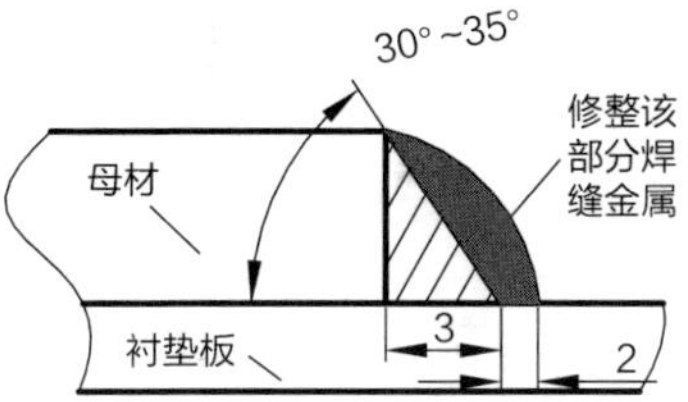

图 8　焊缝修整示意图（单位：mm）

2. 补板安装

将预制的补板放置在衬垫板上，如图 9 所示，补板四周与母材的间隙要均匀。补板定位焊完成后，先修整其坡口，要求修整完成后焊接接头坡口角度为 60° ~70° ，不留钝边。图 10 为补板施工示意图，图 11 为补板坡口修整示意图。

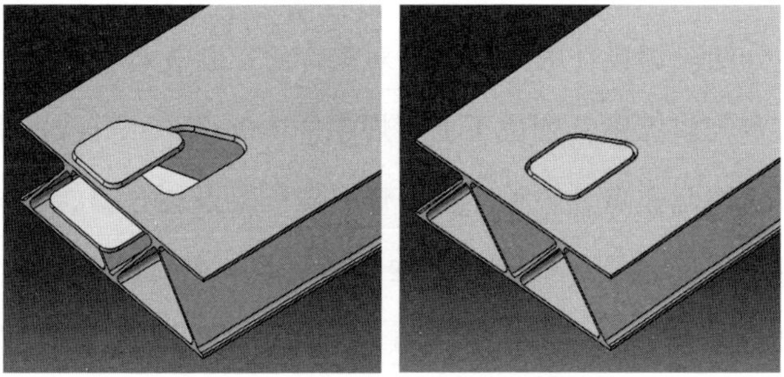
图 9　补板与衬垫板位置示意图

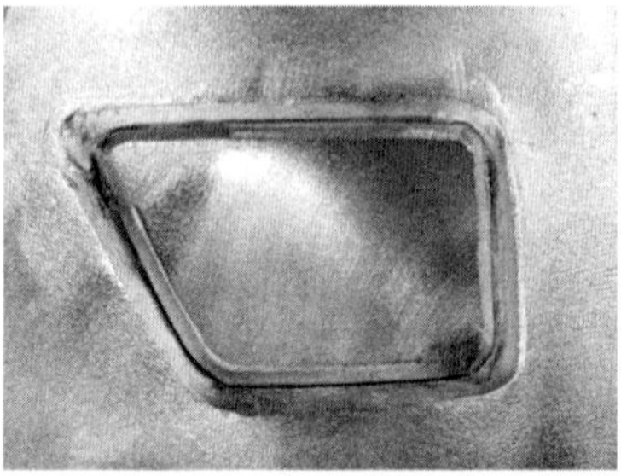

图 10　补板施工示意图

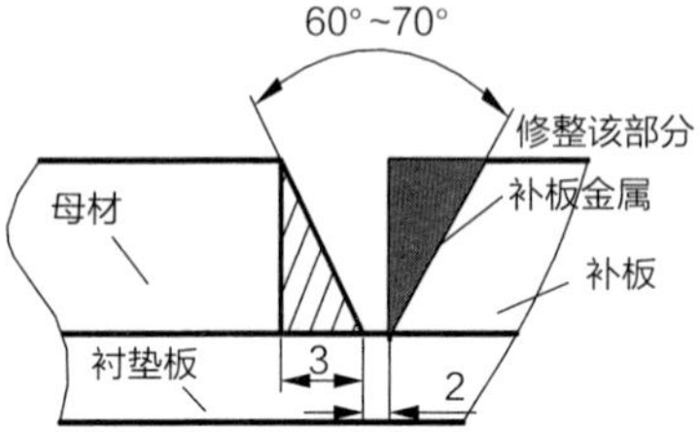

图 11　补板坡口修整示意图（单位：mm）

3. 补板焊接

分两段焊接补板与母材的对接焊缝。首先焊接 S1 焊缝，起弧点与收弧点分别位于上下焊道的中间部位；其次清理黑灰，修整起弧点、收弧点，需修整成斜面圆弧过渡状，修整长度在 5mm 左右；最后进行 S2 焊缝焊接，起弧点、收弧点与 S1 焊缝重合，图 12 为焊缝焊接示意图。两条焊缝的焊接参数如表 2 所示。图 13 为焊接完成后的焊缝示意图。

表 2　主要焊接工艺参数

焊道	焊接方法	电流（A）	电压（V）	气体流量（L/min）	焊接速度（mm/s）
S1	131	140~150	20~22	18~22	6~7
S2	131	140~150	20~22	18~22	6~7

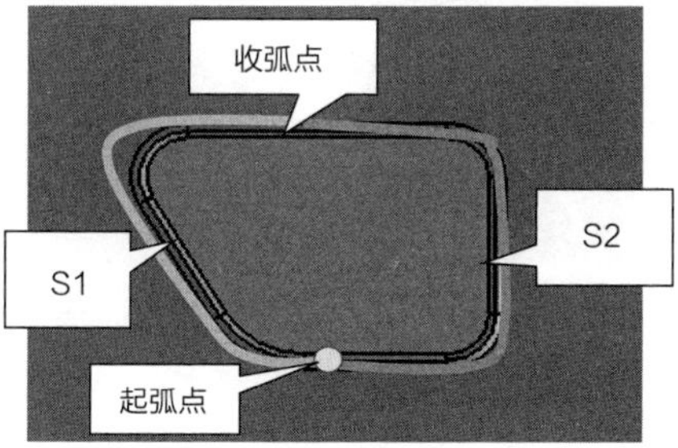

图 12　焊缝焊接示意图

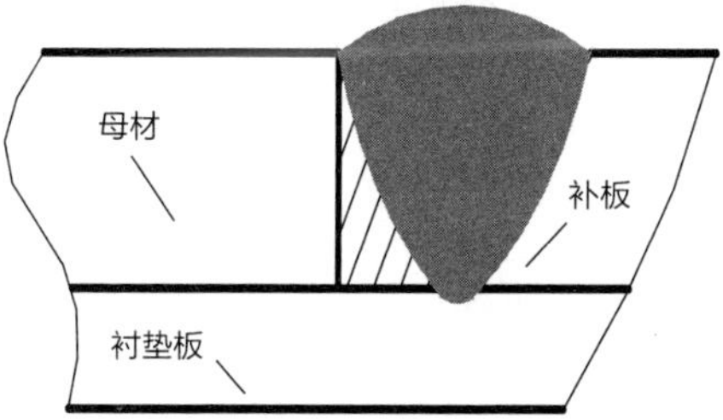

图 13　焊缝示意图

4. 焊后处理

焊接结束后，对修复部位进行打磨、抛光，采用渗透探伤的方式进行探伤，确保该区域无点状或线状缺陷指示，修复区域合格，且与母材其他部位外观一致，如图 14、图 15 所示。

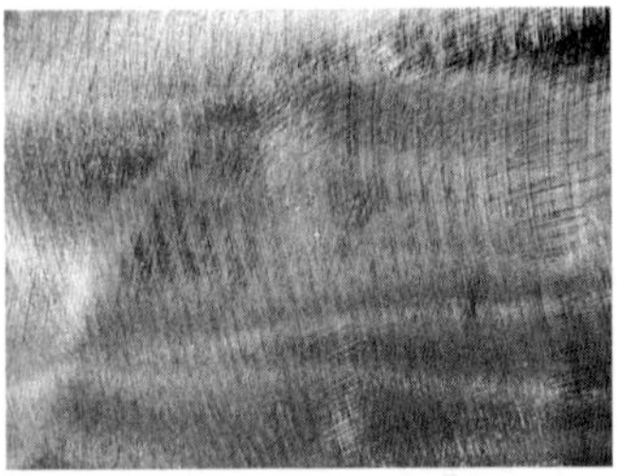

图 14 打磨、抛光

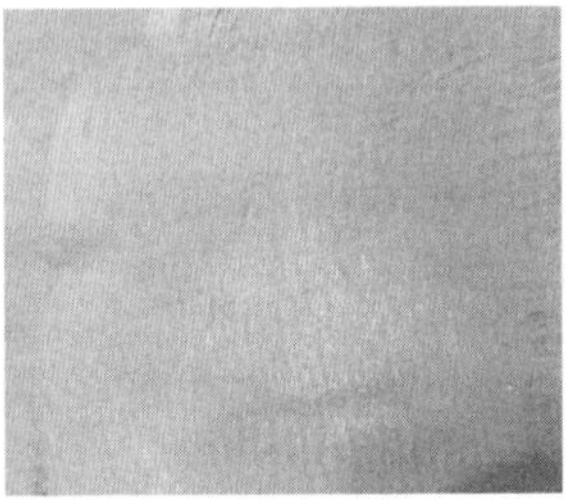

图 15 渗透检测效果图

三、实施效果

采用中空薄壁型材低损伤、小热输入量修复技巧对铝合金中空薄壁型材缺陷进行修复，修复后的焊接质量得到了显著提升，避免了焊接热输入量较大导致的母材凹陷问题、焊接应力集中引起的焊接部位周边拉裂问题。采用该方法进行修复，一次性修复合格率由传统工艺的 35% 提高至 99%，避免了多次重复焊接导致的热影响区（HAZ）软化现象加剧、修复区域强度降低等。

此修复技巧已应用于高速列车及城轨地铁铝合金车体侧

墙、车顶、地板、边梁、端墙等大部件外表面局部缺陷处的修复。

扫码观看视频讲解

（中车青岛四方机车车辆股份有限公司：刘玉进，张涛，高斌）

10 铝合金长大焊缝自动焊咬边控制技巧

一、问题描述

1. 问题背景

某国外地铁项目的铝合金车体对焊接外观要求很高，顶盖边梁外侧焊缝需打磨平整。在前期的顶盖边梁组焊时，由于焊接工艺选择不当，整条超过 20m 的焊缝出现严重咬边现象。为保证外观形状交验合格，将咬边处进行补焊，结果又出现顶盖宽度尺寸超标的现象，既影响质量，又降低了生产效率，如图 1 所示。

图 1　顶盖边梁咬边及补焊

2. 产生原因

（1）工件散热不均匀的问题。

由于顶盖边梁采用公母套的装配方式，所以型材两侧的横截面积不一致。在焊接时，横截面积较小侧的焊缝熔化较快，冷却较慢，造成了焊缝散热不均匀现象，这是导致焊缝咬边的主要原因。顶盖边梁的散热趋势如图 2 所示。

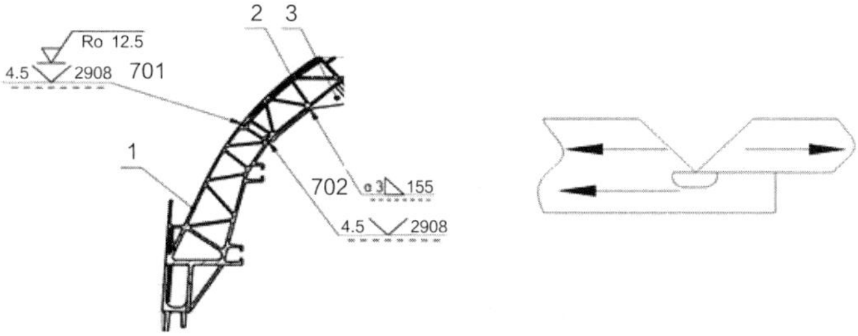

图 2　顶盖边梁的散热趋势

（2）焊接工艺的问题。

①焊接层温的问题：由于铝合金顶盖边梁长度超过 20m，采用的焊接电流为 250A 左右，热输入量比较大，因此焊到后面时，由于层温过高，边梁后半部分产生塌陷，使得焊缝低于母材而产生咬边，具体如图 3 所示。

图 3　焊缝低于母材

②焊接速度影响：前期焊接时，为保证焊缝不过烧，需用较快的焊接速度（达到 130mm/min），在此情况下，容易出现焊材填充量不足，造成焊缝未填满现象。

二、 解决措施

1. 焊枪点位及角度的调整

为保证焊接接头受热均匀、减少横截面积较小侧的热输入量，焊枪位置向带衬垫板母材处偏 1~2mm，并将焊枪角度也稍偏向横截面积较大侧，适当增加横截面积较大侧的热输入量，使焊缝两侧层温保持一致。具体焊枪点位及角度如图 4 所示。

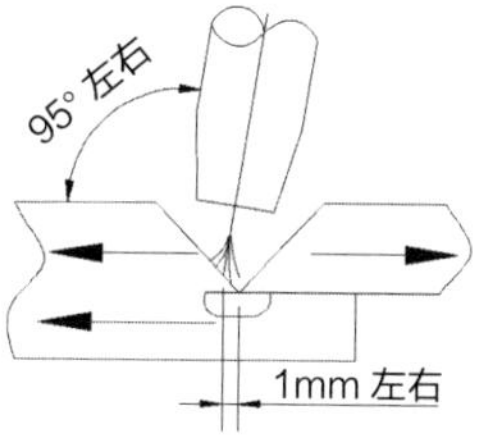

图 4　调整焊枪的位置与角度

2. 焊接层温的控制

焊接顶盖正面时，为避免后半部分由于层温过高造成塌陷，使得焊缝低于母材，可采用两根顶盖边梁正反面一起焊接。这样既保证了生产效率，又控制了层温。焊接顺序如图 5 所示。

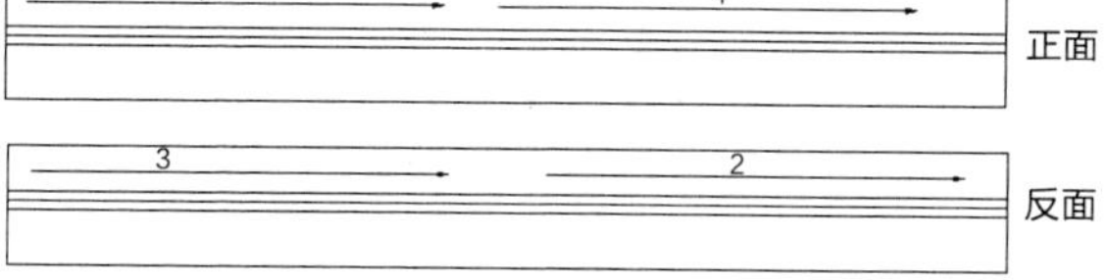

图 5　焊接顺序

3. 工艺参数的调整

通过工艺验证，可将焊接速度由 130mm/min 调至 120mm/min，焊接电流参数设置为 245~253A（根据装配间隙适当进行调整），加大焊材的填充量，来解决焊缝低于母材的现象。

4. 实施过程

采用调整后的焊枪点位及角度对顶盖边梁自动焊进行焊接工艺验证，焊后对焊缝开槽，进行渗透检测，具体实施过程如图 6 所示。

图 6　实施过程

三、实施效果

1. 改进效果

在交验铝合金顶盖时，打磨后的顶盖边梁未出现咬边现象，符合图纸要求，效果良好，具体如图 7 所示。

（a）打磨前

（b）打磨后

图 7　改进后的效果

2. 结论

此次铝合金顶盖边梁自动焊质量控制改良措施成功解决了铝合金顶盖边梁自动焊咬边的质量问题，不仅保证了产品质量，也提升了工作效率，同时降低了生产成本，效果良好。该改良措施已在顶盖边梁组焊中推广应用。

扫码观看视频讲解

（中车株洲电力机车有限公司：赵卫，许立勇，陈中兰）

11 铝合金中厚板不同宽度线性缺陷修复技巧

一、问题描述

焊接铝合金厚板时，偶尔会出现非贯穿线性缺陷，大致可以分为两类：第一类叫“独立单条非贯穿线性缺陷”，第二类叫“相邻多条非贯穿线性缺陷”，如图 1 所示。

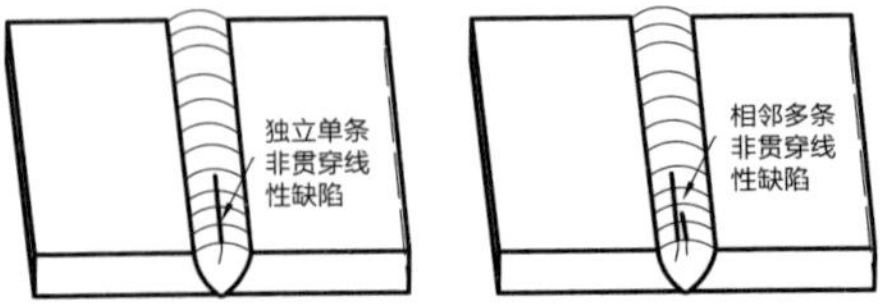

图 1 铝合金厚板非贯穿线性缺陷分类

传统的焊接修复方法如下：当焊缝出现线性缺陷时，需要清除后再修复。清除后，加工成可焊接的坡口形状，根据坡口的深度和宽度进行焊接。在焊接过程中，做好层间清理和层间温度的控制，采用连续焊的方法，每一层从坡口的开头焊接到结尾（如图 2 所示），焊枪的摆动方式采用直线往复法或横向摆动法。

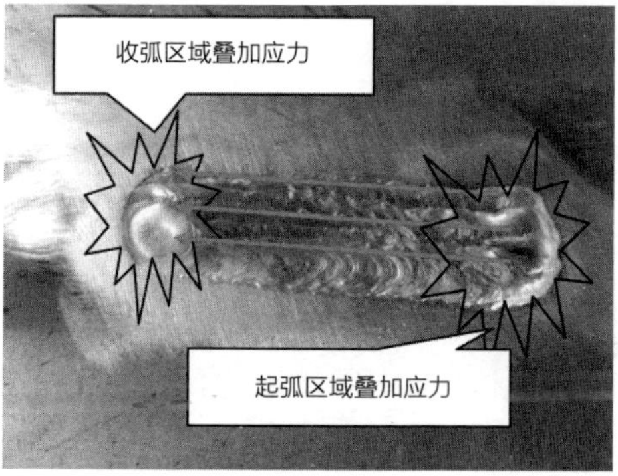

图 2　传统焊接修复示意图

传统的焊接修复方法存在以下问题：由于焊缝两端不断起弧、收弧，容易形成叠加凸起的区域（如图 3 所示），不仅增加了打磨量，还容易产生气孔和线性缺陷，导致在渗透探伤检测时不合格。

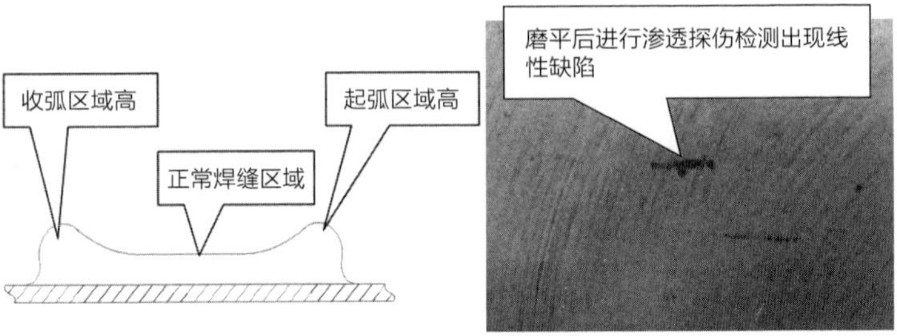

图 3　传统焊接修复方法导致的焊接缺陷

二、解决措施

1. 工艺措施

图 4 为出现线性缺陷后清除坡口的修整示意图，坡口角度（*A*）一般为 50°~60°。为了完全清除焊接缺陷，修整后的坡口深度（*D*）和坡口底宽（*H*）有所不同，需采取不同的焊接方式来避免再次产生气孔和线性缺陷。

由于铝合金焊缝在修复时再次受热循环影响，其接头性能会有所降低。为了避免摆动焊接引起的焊接缺陷，宜采用直线多道焊接手法进行修复，以降低热输入量。其操作手法分为后拉回转法和交替衔接法两种，修复选用原则如表 1 所示。

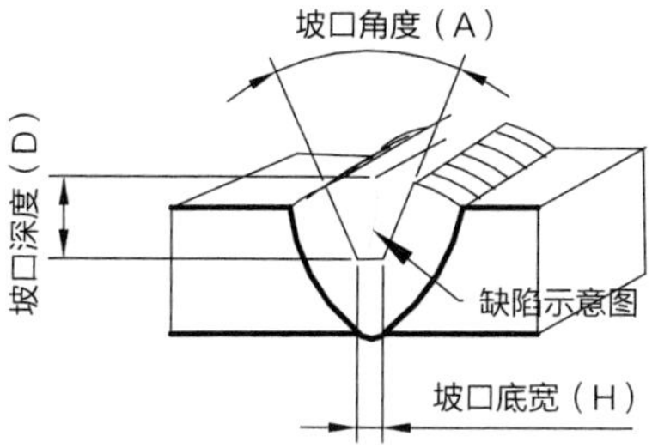

图 4　坡口修整示意图

表 1　修复选用原则

序号	缺陷类型	坡口深度（D）	坡口底宽（H）	操作方法
1	独立单条线性缺陷	≤ 8mm	2~4mm	后拉回转法
2	相邻多条线性缺陷	＞ 8mm	＞ 4mm	交替衔接法

2. 修复的焊接方法

（1）后拉回转法。

后拉回转法是一种高效起收弧焊接操作手法，主要适用于独立单条线性缺陷焊缝的修复。缺陷完全清除后，用铣刀修整成可焊接的坡口形状。这时坡口的深度不大于 8mm，根部宽度在 2~4mm。宜采取两层三道焊，在每层的焊接过程中要注意尽量减少焊接内应力、焊缝的热输入量和内部气孔。为了达到这个目的，就必须采用较快的焊接速度，并控制每层熔敷金属的厚度。

主要焊接操作要点如下。如图5所示。

①打底焊。

a. 在距离焊道端口约5mm的位置开始起弧，引弧后快速回拉，在端口回转停留约1s，完成“起弧—后拉回转”的焊接操作。

b. 采用直线法或直线停顿法向前焊接，在焊接过程中不允许横向摆动，控制单层熔敷金属的厚度不超过3mm，控制焊缝厚度。

c. 焊到收弧端时，进行不停弧回转焊接，在端口停留1s后回拉5mm左右进行收弧，完成“回转后拉—收弧”的焊接操作。

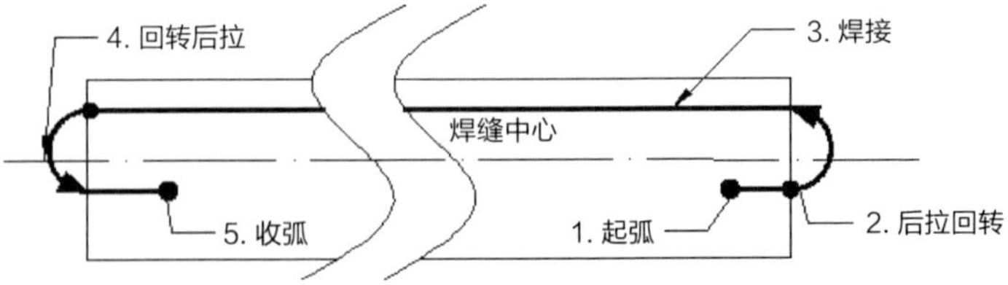

（a）操作手法示意图

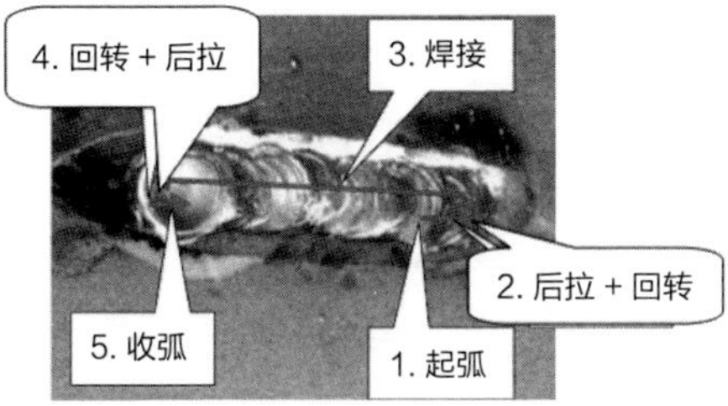

（b）打底焊焊接示意图

图 5　打底焊操作示意图

②盖面焊。

a. 盖面第一道焊缝焊接：起弧后先进行回转焊，然后进行直线焊，当焊接到结尾处时，先回转焊，再收弧焊接，完成“起弧—回转焊—直线焊—回转焊—收弧”的焊接操作，注意起收弧时避开端口焊接，如图 6（a）（b）所示。

b. 完全清除前道焊缝的起收弧点，形成圆滑过渡状。

c. 在前道焊缝表面起弧后，进行端口回转焊和直线焊接，焊接到结尾处时，进行端口回转焊，在前道焊缝表面进行收弧，如图 6（c）所示，完成“起弧—回转焊—直线焊—回转焊—收弧”焊接操作。有一点要注意，在前道焊缝上起收弧时，可将焊缝的余高作为起收弧板。

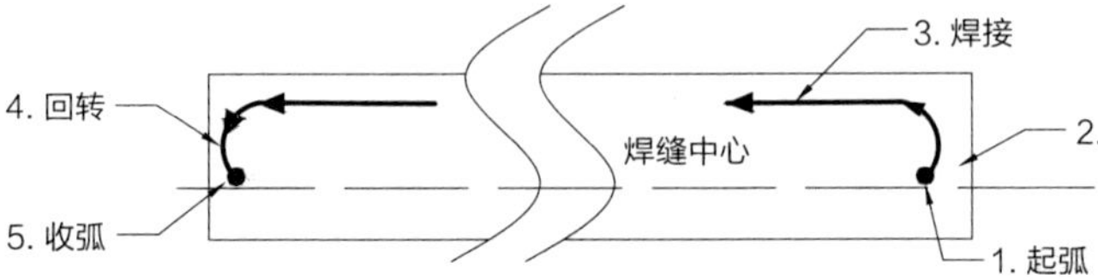

（a）操作手法示意图

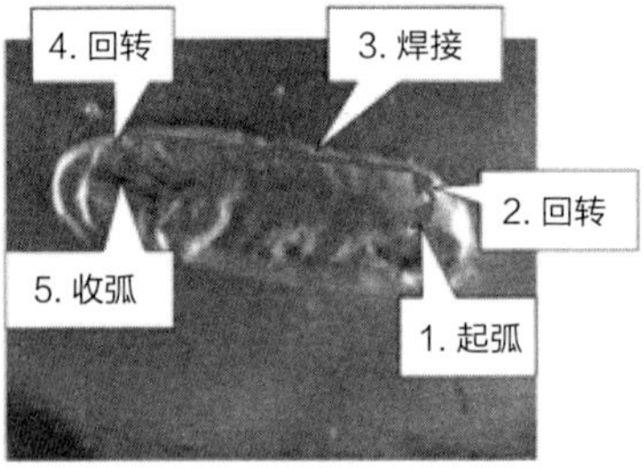

（b）盖面第一道焊缝焊接

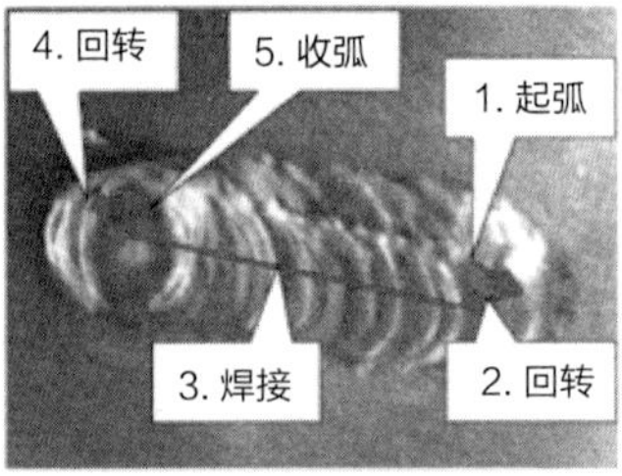

（c）盖面第二道焊缝焊接

图6　盖面焊接操作示意图

（2）交替衔接法。

交替衔接法是不同层道间起收弧错位布点的操作手法，主要适用于相邻多条线性缺陷的修复。缺陷完全清除后，用铣刀修整成可焊接的坡口形状。这时坡口的深度大于8mm，根部宽度大于4mm，根据坡口尺寸进行焊道布置。

主要焊接操作要点如下。

①打底焊。

a. 打底焊采用左右半圈分段焊接，两端焊缝的起弧点和收弧点在上下焊道的中间部位交汇，形成环状焊缝。

b. 从外围向中心修复。若中心区域未填满，可根据后拉回转法进行打底焊接，注意起收弧点与前道焊缝的起收弧点错开。

②填充焊或盖面焊。

a. 填充焊和盖面焊的焊接方法相同，同样采用左右半圈分段焊接。填充焊的起收弧点与打底焊的起收弧点错开，盖面焊的起收弧点与填充焊的起收弧点错开，形成交替衔接。

b. 从外围向中心修复，修复方法重复打底焊的操作，注意起收弧点与前道焊缝的起收弧点错开。不同层道起收弧错位布点见图 7 所示。

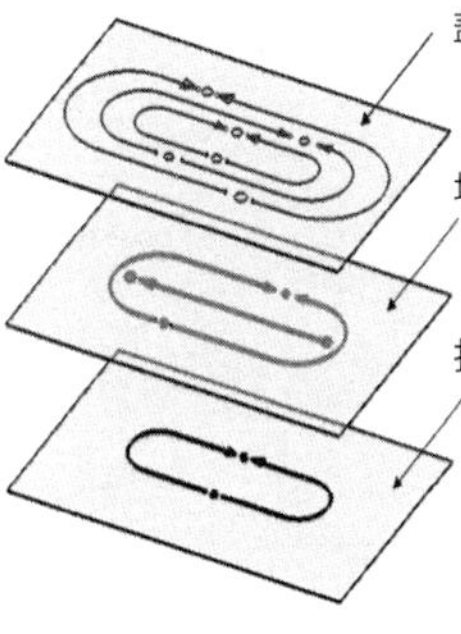

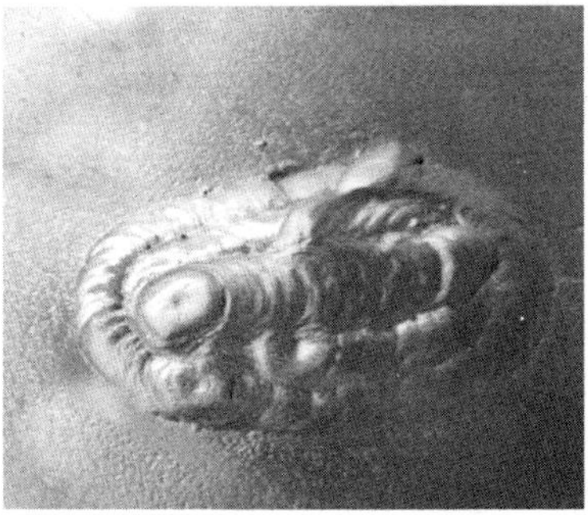

图 7　不同层道起收弧错位布点

三、实施效果

采用本操作法可修复铝合金的厚板线性缺陷，大幅度减少焊接残余应力，降低再次产生线性缺陷的概率。通过对不同层道起收弧进行合理错位布点，避免了在同一位置重复起收弧可能造成的再次缺陷，同时降低了每层熔敷金属的厚度，有利于熔池中的氢气析出，减少了焊缝气孔量，使得渗透探伤检测一次性合格率达到 95% 以上。本方法适用于平焊、立焊、横焊、仰焊等焊接修复方式，并对其他材料的焊接修复起到借鉴作用。

扫码观看视频讲解

（中车青岛四方机车车辆股份有限公司：丁见，池浩瀚，李瑞，管敏）

12 铝及铝合金手工 MIG 双弧协同焊接技巧

一、问题描述

铝合金焊接中 K 形及 HV 形焊缝接头是常见的焊接接头形式。该类焊缝接头易出现焊缝根部未熔合、未焊透等情况（如图 1 所示），两种缺陷均会导致焊缝强度低于设计要求。该类缺陷发生的主要原因是坡口深度大，根部间隙较小，焊接电弧未能抵达焊缝根部或抵达根部的电弧不足以熔化根部母材。当熔敷金属填充量较少时，熔敷金属流动性不足，导致焊缝根部未填充；熔敷金属填充量较多时，熔敷金属流动至焊缝根部填充，阻碍电弧对母材的进一步加热，使得温度不足以熔化母材金属，形成未熔合、未焊透缺陷。

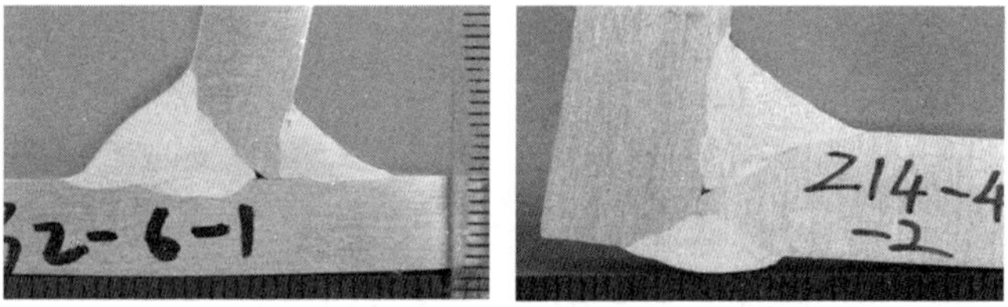

图 1　传统 MIG 焊缝接头根部出现未焊透缺陷

在改善 K 形或者 HV 形坡口焊缝根部未熔合、未焊透缺陷时，传统的方法是进行背部清根，但清根不足或无法清根时，则难以消除该类缺陷。或适当增加焊缝根部的间隙，但增加根部间隙并不能保证完全熔透，同时还可能导致焊缝填充量增加、母材热影响区增加、变形增加等其他焊接问题。

二、解决措施

1. 改进方向

为实现铝合金 K 形或者 HV 形坡口焊缝根部全熔透效果，在焊接重要焊缝或进行背部无法清根的打底焊时，可采用 MIG 双弧协同焊接法，即同时用两个焊接设备依次起弧，按顺序焊接。

双弧协同焊接具有以下优点。

（1）焊缝零间隙组装：不需预留根部间隙，可实现全熔透。

（2）有效利用正焊枪施焊时的温度场，减少被焊工件的总体焊接热输入量，使得母材受热小。

（3）焊接变形小：正反两侧同时施焊，在焊缝冷却过程中，两侧焊缝收缩应力部分互相抵消，从而减少整体变形。

（4）反焊枪焊接电流参数降低，焊缝的整体热输入量变少。

（5）缩减了背面清根环节，提高了生产效率。

为了验证双弧双面 MIG 焊接操作方法的可行性，选取了 12mm 厚的铝合金板材、双面的坡口角度均为 55°、T-BW-HV 形坡口形式、ф1.2 ER5356 焊丝。焊接由 2 人共同配合试验（初步接触同步焊接的工人需进行适当的培训），焊接设备为普遍采用的焊机，以保证普适性。

2. 焊接参数

表 1 为单弧单面 MIG 焊接参数，表 2 为双弧双面 MIG 焊接参数。

表 1　单弧单面 MIG 焊接参数表

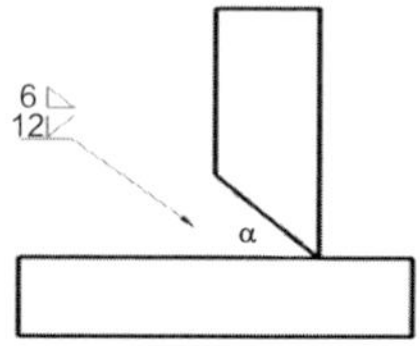

α =55°　钝边：0~1mm　间隙：0~0.5mm

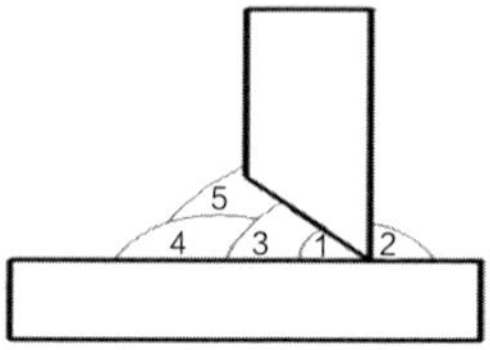

焊道	焊接方法	焊材规格（mm）	焊接电流（A）	焊接电压（V）	电流种类 / 极性	焊接速度（mm/s）	热输入（kJ/mm）
F1	131	φ1.6	240	24	DCEP/+	7	0.822
F2	131	φ1.6	240	24	DCEP/+	8	0.822
F3	131	φ1.6	250	25	DCEP/+	7	0.756
F4	131	φ1.6	260	26	DCEP/+	7	0.965
F5	131	φ1.6	260	26	DCEP/+	7	0.965

表 2　双弧双面 MIG 焊接参数

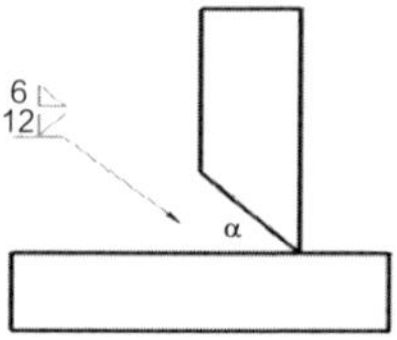

α =55°　钝边：0~1mm　间隙：0~0.5mm

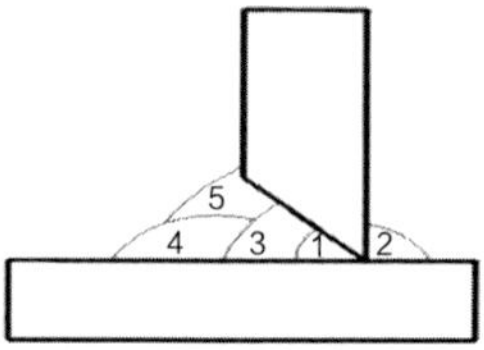

续　表

焊道	焊接方法	焊材规格（mm）	焊接电流（A）	焊接电压（V）	电流种类 / 极性	焊接速度（mm/s）	热输入（kJ/mm）
F1	131	ϕ1.2	230	24	DCEP/+	7	0.788
F2	131	ϕ1.2	180	26	DCEP/+	7	0.585
F3	131	ϕ1.2	250	25	DCEP/+	8	0.756
F4	131	ϕ1.2	260	26	DCEP/+	7	0.965
F5	131	ϕ1.2	260	26	DCEP/+	7	0.965

表 1 是板厚 12mm 的铝及铝合金板单弧单面 MIG 焊接时普遍采用的焊接参数，可以看出焊缝 F1 和 F2 焊接热输入量约为 0.8kJ/mm。

表 2 为双弧双面 MIG 焊接过程中的焊接参数，其突出特点为打底焊焊缝 F1 和 F2 的电流参数明显降低，降至 230A 和 180A，反焊枪焊接电流参数下降尤其明显，随之焊接热输入量降至约 0.6kJ/mm。

3. 焊接操作要点

（1）焊枪设置。

焊接位置如图 2、图 3 所示，试验过程中两把焊枪分为正、反两侧。件号 1 焊枪为正焊枪，件号 2 焊枪为反焊枪。焊枪角度为 70° ~80° ，两把焊枪焊接间距控制在 30mm 左右

（图 2 中的 L=30mm）。

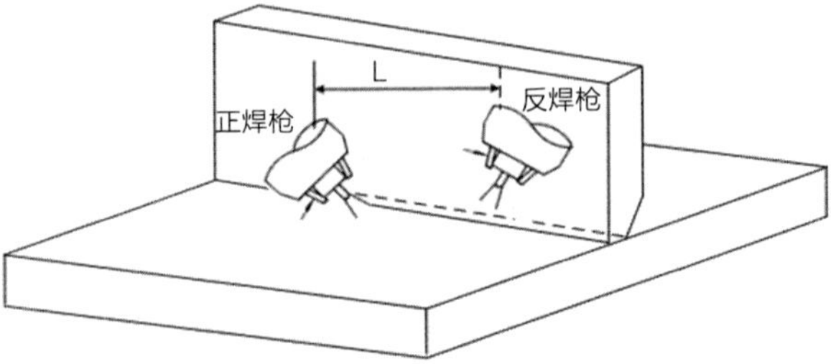

图 2　双弧双面焊接示意图

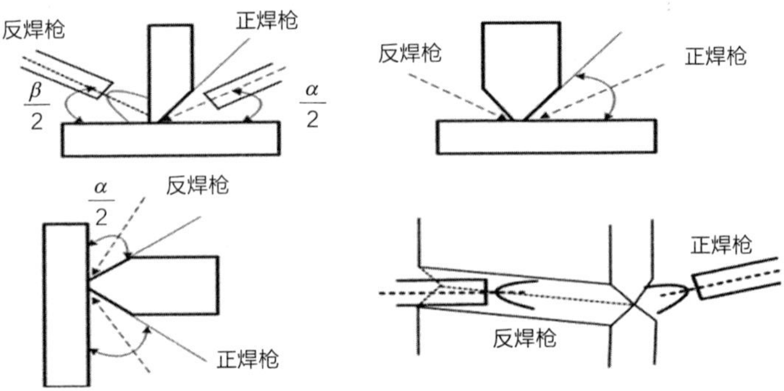

图 3　双弧双面焊接不同焊接位置示意图

焊接开始前，需确认焊接参数，正焊枪和反焊枪的焊接参数不一致，但焊接速度需控制一致。焊接时，为保证焊接质量，适当延长反焊枪起弧前的送气时间；正焊枪收弧时，滞后送气时间，以保证焊接坡口处于良好的气体保护氛围内。

（2）焊接操作过程。

①组装工件时，钝边厚度控制在 0~0.5mm。焊接前需用化学试剂或钢丝刷清除焊件表面的油污以及氧化膜。

②调整焊接参数，正焊枪的焊接电流为 230A，反焊枪的焊接电流为 180A。适当增加正焊枪电弧的挺度，但反焊枪的电弧要软，以避免正面被焊穿，这样才能实现完全熔透的效果。

③正焊枪首先起弧，保持焊接速度，同时反焊枪准备提前送气，确保背面形成良好的保护氛围。正焊枪焊接 3s 左右，反焊枪开始焊接，保证两个焊枪间距离为 30mm。在焊接过程中，根据实际情况适当调整焊枪间隔距离，以防被焊穿或者熔深不足。焊完打底焊缝后，采用单面单弧方式焊接其他焊缝。在下一道焊缝施焊前，需对前一道焊缝进行层间清理，控制层间温度不超过 150℃。

④正焊枪焊接采用直线停顿法或直线行走法，反焊枪采用画圈运枪法，如图 4 所示。

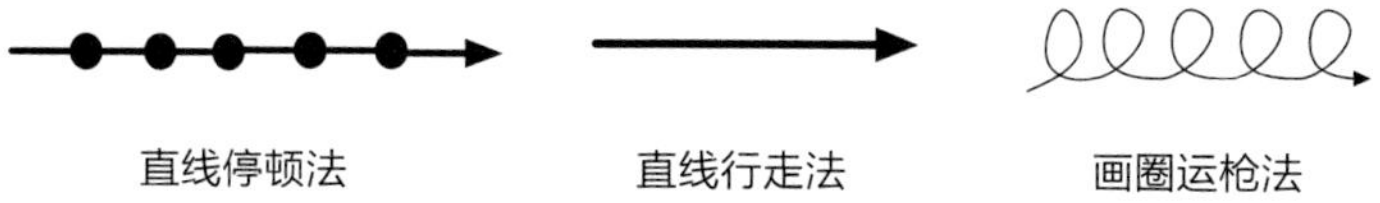

图 4　焊接手法示意图

三、实施效果

1. 宏观、微观金相结果

图 5（a）为单弧焊接条件下 HV 形坡口焊缝形貌，由图中可以看出两侧焊缝结合部位底部出现了明显的未熔合现象。焊缝由背面 1 道焊缝、正面 4 道焊缝构成，焊缝结合处的微观形貌见图 5（b）。焊缝结合处由于反复受热，已呈现出明显的液化晶界现象，见图 5（c）。

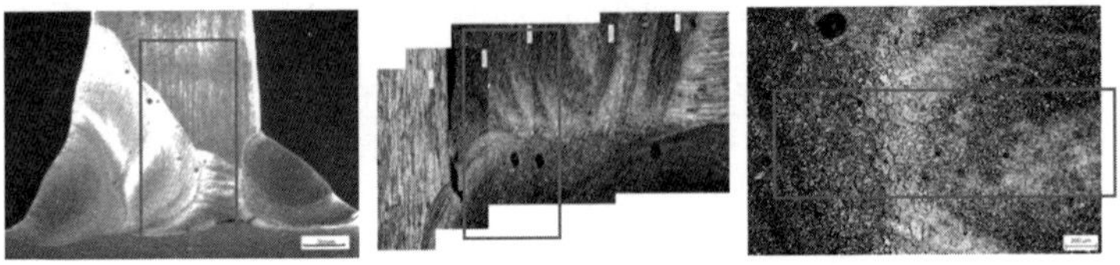

（a）HV 形坡口焊缝　（b）HV 形坡口焊缝结合处　（c）液化晶界

图 5　单弧 HV 形坡口焊缝形貌

图 6（a）、图 6（b）为双弧焊接条件下 HV 形、K 形坡口焊缝形貌，对 HV 形及 K 形坡口接头焊缝取样进行宏观金相检测可以发现，HV 形、K 形坡口焊缝均符合 ISO 10042—2018 评判要求，焊接接头熔合状态良好，达到了全熔透效果。

双弧双面形式可以实现 HV 形及 K 形坡口接头焊缝的根

部全熔透效果，且双弧焊缝熔池形貌如图 7 所示，即后面的熔池对前面的熔池产生影响，导致前一个熔池的温度曲线发生变化，形成一个细长的熔池，冷却后两道焊缝形成一体，如图 6（a)、图 6（b）所示。单弧焊缝结合处存在明显的分界线，而双弧焊缝几乎没有分界线，焊缝微观形貌如图 6（c)、图 6（d）所示：焊缝内为均匀分布的铸态组织，焊缝近熔合线处为沿散热方向均匀分布的柱状晶区。

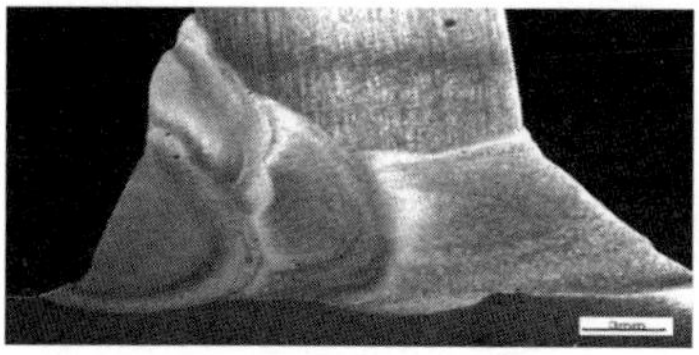

（a）HV 形接头形式

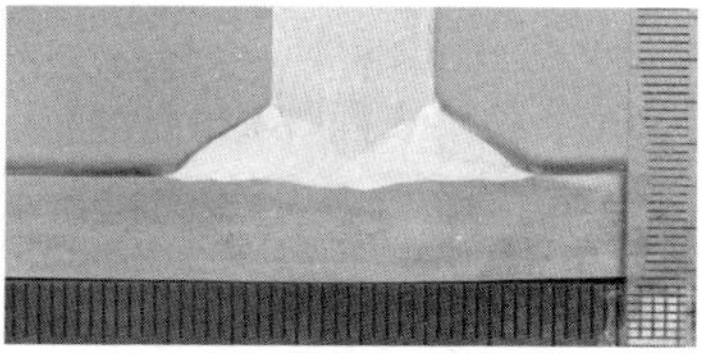

（b）K 形接头形式

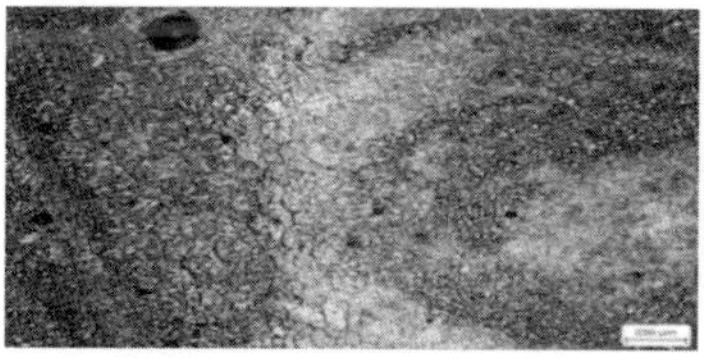

（c）焊缝结合面

（d）背面焊缝形貌

图 6　HV 形及 K 形坡口接头焊缝宏观、微观金相结果

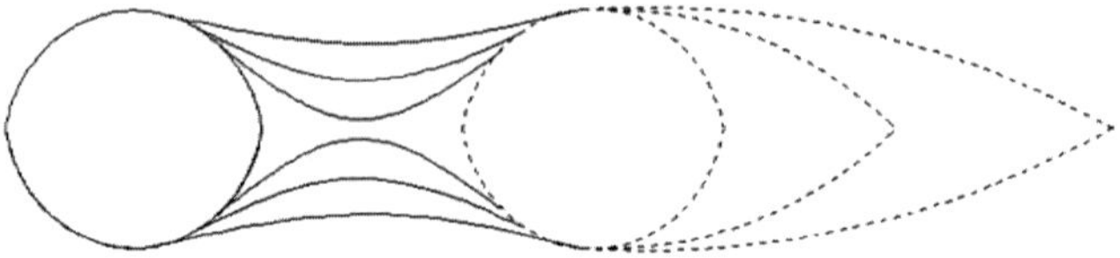

图 7　双弧熔池形貌

2. 力学性能

（1）硬度。

对 HV 形、K 形坡口打底焊缝进行硬度检测，结果如图 8 所示，双弧双面焊接的焊缝无明显的软化区，距双弧双面 HV 形接头焊缝中心 10mm 处的硬度平均值为 110.88HV。

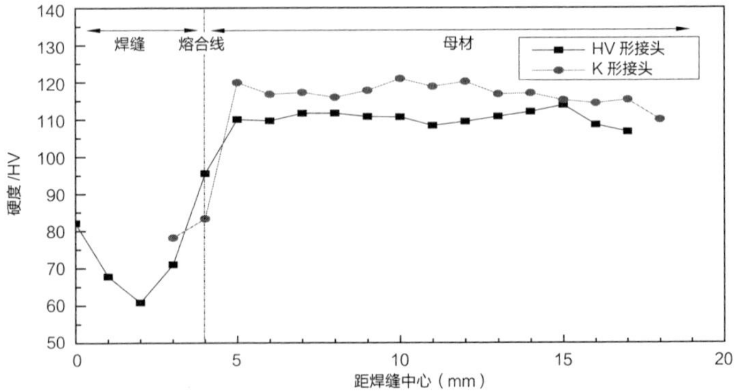

图 8　HV 形、K 形坡口焊缝根部位置的硬度分布图

（2）抗拉强度。

采用对接形式双弧焊焊接试件，选用母材为 12mm 厚的 7N01P 板材，焊接合格后测量其抗拉强度，其抗拉强度分别为 310MPa、317MPa，接头性能优良。

（3）断裂试验。

双弧焊断裂试件的断口形貌如图 9 所示。试件的断裂位置为焊缝中心，断口呈现 V 形形貌，断口白亮，无夹渣，分布着少量气孔。

图 9　双弧焊断裂试件的断口形貌

双弧双面协同焊接可以有效改善 K 形、HV 形坡口焊缝根部的熔深问题。焊后检测的结果表明，焊缝的宏观、微观金相无缺陷，焊缝熔合良好；焊缝、热影响区均未出现明显缺陷，未发生过烧、未焊透等情况；在对试件剖面进行显微硬度检测时，未发现显著的软化区。

此焊接方法在 K 形、HV 形坡口焊缝中，需要全熔透又不便于清根的焊缝中具有良好的应用效果。

扫码观看视频讲解

（中车青岛四方机车车辆股份有限公司：

张合礼，王永波，何建英）

13 提升不锈钢薄壁波纹板焊接质量的操作方法

一、问题描述

不锈钢波纹板焊接接头焊后外观质量差，波纹板拍头由材质为 SUS301L、厚度为 0.8mm 的奥氏体不锈钢薄板折叠挤压而成，搭接于材质为 SUS301L、厚度为 1.5mm 的奥氏体不锈钢薄板上。拍头处母材厚度不均匀，部分区域甚至有三层板叠加，且间隙过大，具体结构如图 1 所示。

在焊接薄板搭接结构时，常会因为不良的焊接方法导致焊接缺陷的产生，从而影响焊后产品的验收合格率。目前常

图 1　不锈钢波纹板拍头结构示意图

用的焊接方法为左向焊法，因为左向焊法操作较为简单，操作者可以清楚地看到焊缝坡口位置。但采用左向焊法焊接时，会出现焊道较宽且波纹板被焊穿现象。同时，操作者不易观察到焊缝的焊后状态，导致当出现焊穿现象时不能及时停止并进行修复。

在焊接过程中存在以下技术难题。

（1）波纹板为 0.8mm 厚的薄板且焊缝较长，焊接难度大；在焊接过程中，如果间隙过大，上板容易被焊穿。

（2）焊缝接头形式复杂，厚度不均匀，在电流和电压不变的前提下，要连续完成单层板搭接、三层板搭接的交替结构焊接。

（3）对焊缝的质量要求高，焊后气密性试验通过率要达到 100%。

二、解决措施

通过对数据进行统计分析可知，不良的焊缝形貌是导致气密试验不合格的最主要原因。使用左向焊法焊接时，电弧直接作用在液态熔池上，使得操作者不便于观察焊缝形貌，也就无法及时调整、修正焊接参数，导致整条焊缝成型不良。此时，可以改变焊接手法，采用右向焊法，使得电弧大部分作用在焊件上。这样，即使在相同的焊接条件下，即电流电压、焊接速度等完全相同，得到的焊缝熔深与宽度也不同，且可以通过观察焊缝形貌及时调整焊接速度、焊枪角度等，以此来保证整条焊缝的成型质量。图 2 所示为左右向焊法的操作示意图，操作者右手持焊枪，由左至右进行焊接，焊枪与焊接方向呈锐角。

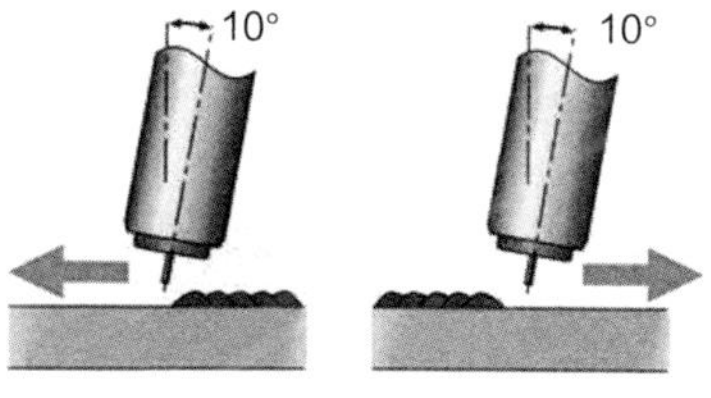

（a）左向焊法　（b）右向焊法

图 2　左右向焊法示意图

车体波纹板拍头采用右向焊法进行焊接时，要注意以下操作要点。

（1）焊枪与焊接方向呈锐角（<90°），使用斜锯齿直线往复手法，图 3 为操作手法示意图。

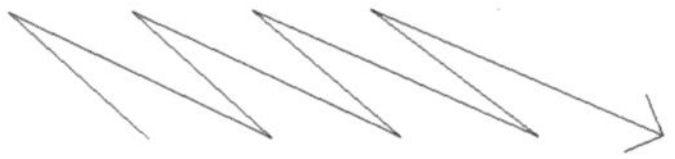

图 3　操作手法示意图

（2）加大摆动幅度，电弧往回带时停留在刚形成的熔池边即可。

（3）增大摆动频率，电弧往回带时在三层板处稍作停留，保证三层板与底板熔合好。

（4）在焊接过程中，电弧不能过于集中，以防波纹板被焊穿。电弧尽量靠近下层板，熔池扩散到波纹板，即保证一定的焊道宽度后再向前焊接。

（5）焊接时注意观察形成的新熔池，若发现焊趾处波纹板有被焊穿现象，则将电弧迅速往回摆动，以形成新熔池填满熔孔，消除焊接缺陷。

三、实施效果

采用右向焊法焊接作业后，不锈钢波纹板的焊接质量得到了大幅度的提升，气密实验合格率显著提高，在保证了焊道宽度以及焊缝成型美观的前提下，减少了焊接缺陷和焊接变形量，使得验收合格率提升。改善前后的焊缝形貌见图 4、图 5。

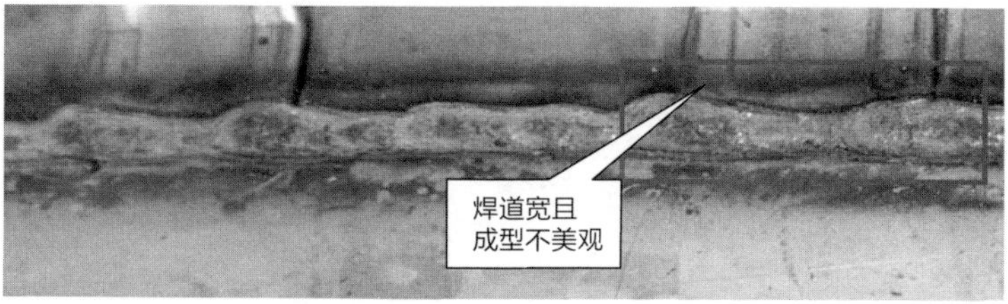

图 4　改善前的左向焊法焊缝形貌图

图 5　改善后的右向焊法焊缝形貌图

采用右向焊法焊接不锈钢波纹板，操作者在焊接过程中可以观察到焊缝外观，发现有焊穿现象时可以及时进行修复，用此方法焊接的焊缝的焊道窄、熔深大、成型美观。本操作技巧已在生产现场大范围推广应用。

扫码观看视频讲解

（中车青岛四方机车车辆股份有限公司：周晓强，盛源，王乐欣）

14 提升铝合金箱体焊缝密封性操作方法

一、问题描述

随着铝及铝合金在轨道交通、船舶、建筑、桥梁、化工机械和液化气贮罐等方面的广泛应用，铝及铝合金的焊接技术也得到了快速的发展。然而在实际应用中，由于铝及铝合金有易氧化、导热性高、热容量和线膨胀系数大、熔点低以及高温强度低等特点，给焊接带来了一定的困难。其常见的典型焊接缺陷有裂纹、未熔合、气孔、焊穿、局部凹陷、咬边、成型不良等。上述缺陷致使一些具有密封性能要求的铝合金箱体在焊后的致密性检验和承压实验过程中，出现渗漏现象。

二、解决措施

1. 工艺措施

（1）定位焊缝：应严格控制定位焊缝的间隔距离和长度，焊后要对其进行打磨，使之两端呈缓坡状，中间略呈凹形。

（2）起弧、收弧：起收弧位置要避开焊缝的拐角处。见图 1 所示。

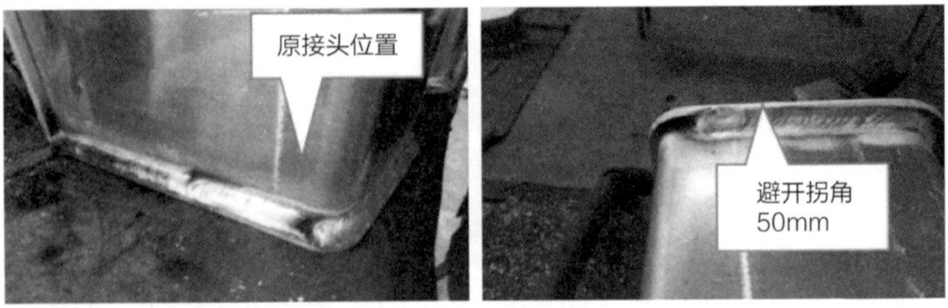

图 1　焊接接头位置示意图

（3）端部焊缝工艺改进：改进后，将立板端角焊缝位置打磨切掉 7mm，将双面焊缝打通。将切角处磨成缓坡状，不要切成尖角，以防止产生未熔合缺陷，具体如图 2 所示。焊接时，将原单道焊改为两层两道焊，确保焊缝与母材熔合良好。

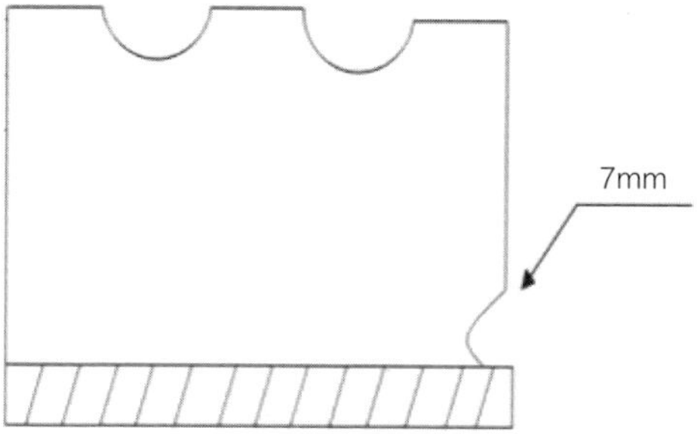

图 2　立板端部打磨切角示意图

2. 焊接设备及参数推荐

（1）焊接设备及焊材准备：选用福尼斯 VR4000 焊机，采用 ER5356 焊丝（直径 1.2mm），保护气体为工业纯氩，即 99.999%Ar。

（2）焊接规范参数推荐如表 1 所示。

表 1　焊接规范参数

焊接电流（A）	焊接电压（V）	弧长修正	气体流量（L/min）
170~220	18~26	–5，0	18~22

3. 操作技巧

（1）操作要点：身体随着焊枪移动并及时调整姿势，以确保在焊接过程中获得适当的焊枪倾角。焊枪倾角一般控制在 80° ~90° ，倾角太大易产生未熔合缺陷。下坡焊时采用拖枪方式，平焊及上坡焊时转至 90° 正常焊接倾角。打底焊时采用不摆动或小幅直线往复摆动，盖面焊接时采用锯齿形摆动。在不影响视线的情况下，尽量采用短弧操作。焊脚尺寸接近母材边缘时，采用熔边的焊接方法。尽量采用双手持枪的方式，以增加焊接的稳定性。焊枪角度及熔边焊如图 3 所示。

（2）焊接接头：焊接前需将焊接接头打磨成缓坡状，在接头高点处起弧。注意焊枪角度，收弧时将弧坑填满后再向前焊接 2~3mm，如图 4 所示。

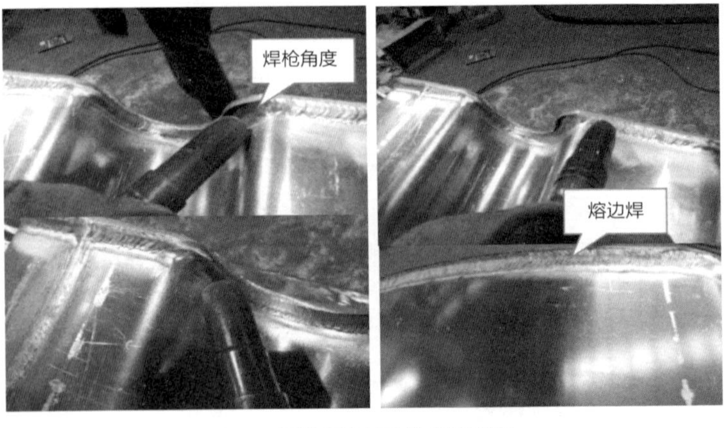

图 3　焊枪倾角及熔边焊示意图

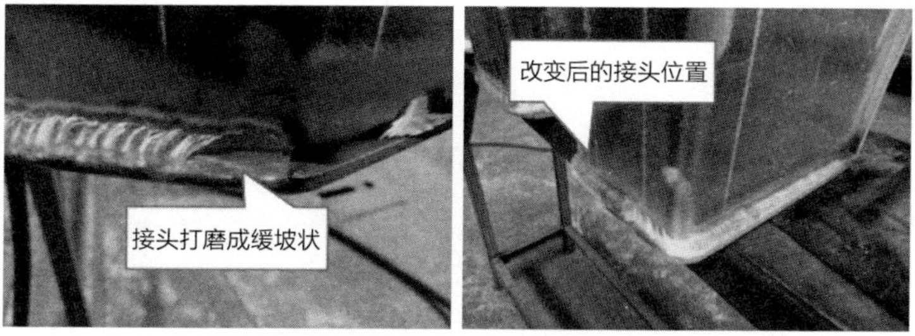

图 4　焊接接头细节示意图

（3）注意事项：打底焊时，采用短弧焊接和直推不摆动的运条方法，焊枪角度为 80°～90°，电弧调至偏硬，使电弧冲击力增加，保证熔深。盖面焊时，采用锯齿形摆动，确保两侧与母材熔合良好。收弧焊接时，在熔池边缘距离焊缝终点 2~4mm 处时开启收弧电流，防止收弧焊接电流过大造成焊缝塌陷，形成焊瘤或被焊穿缺陷。

三、实施效果

该项操作技巧已在铝合金箱体类产品上得到应用和验证，有效地解决了操作者在生产过程中经常遇到的未熔合、未焊透缺陷，大幅度提升了操作者的铝合金焊接技能水平。实践证明，使用该项操作技巧后，有密封性要求的铝合金箱体的致密性检验和承压实验的通过率由原来的 68%提高到 100%。

扫码观看视频讲解

（中车齐齐哈尔车辆有限公司：王海，荀少宝，郭玉宇）

下篇

TIG焊接技能小窍门

1 薄板焊接变形 TIG 矫正技巧

一、问题描述

随着我国国际铁路事业的发展、铁路装备水平的提高，铁路高速重载及装备轻量化给铁路装备用材料的焊接带来了巨大挑战。在材质不变的情况下，铁路装备轻量化要求铁路装备用板材的厚度相应减小，而焊后的薄板比厚板更难控制变形。目前，我公司设计生产的大部分机车隔墙、侧墙、顶盖的蒙皮由 2.5mm 厚的板组成。受板材宽度和蒙皮形状的影响，蒙皮需多处拼接，加上蒙皮与车体骨架焊接时产生大量的焊接热输入量，使得薄板蒙皮脱离骨架位置凹凸、变形，严重影响着机车蒙皮的平面度。

图 1　顶盖和侧墙蒙皮平面度现状

目前普遍采用火焰矫正法辅以锤击来矫正蒙皮平面度。火焰矫正法是利用火焰给蒙皮局部加热，以使其产生压缩变形，冷却后受热部位金属因产生收缩而达到矫正变形的效果。影响矫正效果的主要因素是工件的刚性、火焰加热的位置、加热面积、加热的热量、氧 – 乙炔火焰的稳定性、冷却的方式等。火焰矫正法操作起来灵活多变，并无固定的模式，但其受影响因素较多，操作者需通过实践来积累经验，掌握其变形规律，才能取得较好的矫正效果。例如，加热温度是影响矫正效果的重要因素。对于低碳钢来说，由于其加热温度的范围较宽，需要操作者通过观察钢材的颜色变化来估计加热温度，其效果好坏取决于操作者的经验多少和技术水平高低，不利于广泛掌握使用。用得不好，反而给薄板蒙皮带来新的变形和新的问题。另外，通过锤击矫正，容易在蒙皮表面留下锤痕，使表面凹凸不平，影响机车顶盖的外形美观。

图 2　火焰矫正蒙皮平面效果图

二、解决措施

为了提升薄板蒙皮的平面度，探索出了一种新的平面矫正方法，即运用 TIG 对薄板蒙皮局部产生的凹凸变形加以矫正。方法如下：固定焊接电流、电压，利用 TIG 所产生的热量，采用圆圈法加热，从外到内，辅以喷水冷却，将焊接区的热量散走。保持加热温度不变，加热后不会给薄板蒙皮带来新的变形。加热后用布砂轮对薄板蒙皮表面所留下的痕迹加以打磨，不影响蒙皮外观的美观性，从而大幅提升薄板顶盖蒙皮的平面度。这种方法便于掌握，适合大范围推广应用。

1.TIG 矫正方法

（1）在室温下，对薄板蒙皮凹凸处进行 TIG 熔化焊接，不填丝，利用钨电极对薄板进行熔化矫正。针对 2.5mm 厚的蒙皮，可将焊接电流调整到 80~100A。

（2）焊接熔化后，利用沾水的湿抹布对焊缝熔化区进行擦抹，防止焊缝熔化区过热，并使凹凸点能及时收缩，有效控制矫正变形量，如图 3 所示。

图 3　焊后冷却方式

2.TIG 矫正过程

（1）对薄板蒙皮凹凸处进行圆弧焊接矫正，圆弧直径一般为 50~60mm，如图 4 所示。

图 4　圆弧焊接矫正

（2）完成多道圆弧的焊接矫正后，肉眼观察平面度的变化趋势，保证平面度公差达到 2~4mm。利用平尺和直尺测量实际平面度的公差值，根据实际平面度公差值，在圆弧间隙处画小直径圆弧进行微调矫正，如图 5 所示。

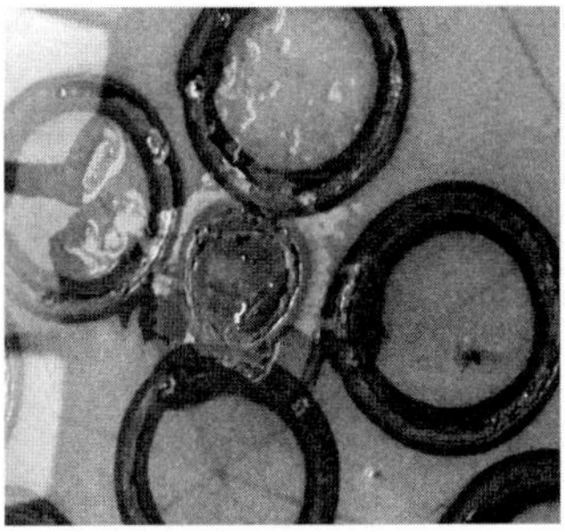

图 5　微调矫正

（3）平面度公差经一次圆弧矫正无法达到 2~4mm，需在圆弧矫正的基础上叠加矫正，如图 6 所示，叠加矫正后的圆弧直径与原直径保持一致，以保证受热均匀和外形美观。

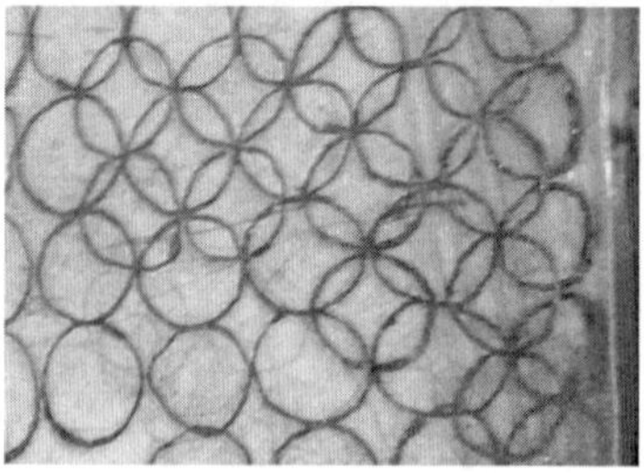

图 6　叠加矫正

（4）TIG 矫正原则：尽量找准凹凸处的中心点，以中心点为基准，进行对称矫正。如果个别位置的矫正圆弧过大或过小，可以以原圆弧圆心为基准，进行大直径或小直径的圆弧套环矫正，如图 7 所示。

图 7　圆弧套环矫正

（5）TIG 矫正工艺参数见表 1。

表 1 TIG 矫正工艺参数

焊接位置	板厚（mm）	矫正方式	焊缝圆弧直径（mm）	频率（Hz）	收敛型喷嘴直径（mm）	焊接电流（A）	气体流量（L/min）	焊机型号
平焊	2.5	矫正	50~60	15000	15	90~100	13~15	雷姆
平焊	2.5	微矫正	20~30	15000	15	80~90	12~14	雷姆
横焊	2.5	矫正	50~60	15000	15	90~100	13~15	雷姆
横焊	2.5	微矫正	20~30	15000	15	80~90	12~14	雷姆

3.TIG 矫正注意事项

（1）按照板厚选择喷嘴直径。

（2）气体流量控制在 12~15L/min，流量过小起不到保护熔池的作用，流量过大会吹走熔池的熔化金属，均会损伤母材。

（3）需根据实际焊接结构变形的凹凸位置进行对称矫正。

（4）圆弧矫正较容易实现矫正目的，且使需矫正物体受热均匀。在实际操作过程中，可根据实际钢结构面积调整矫正圆弧直径，一般建议直径为 20~60mm。

（5）矫正密度不宜过大，一次矫正未达到要求，可进行二次叠加矫正。

（6）矫正过程必须配合水冷，但不宜注水冷却，宜用湿抹布冷却。

（7）预防矫正缺陷措施如下。

①矫正位置尽量分布在钢结构件凹凸不平处，呈中心对称状。

②制定合理的焊接顺序，控制变形量。

③采取先大直径圆弧矫正后小直径矫正或先矫正后叠加矫正的办法，并控制电流、速度、方向的一致性。

三、实施效果

TIG 矫正工艺方法的运用解决了薄板焊接变形平面度超差问题，经矫正后，平面度公差达到 1~2mm，满足设计、工艺要求。该方法已得到有效应用，并将在后续生产中被推广，有效保证了产品外观质量，提升了产品质量和客户满意度。

扫码观看视频讲解

（中车大连机车车辆有限公司：陶佳，李长盛）

2 不锈钢电阻焊焊点TIG焊接修复技巧

一、问题描述

为减少不锈钢车体的焊接变形情况，避免外层板氧化变色，通常采用电阻点焊方法对侧墙的骨架和蒙皮进行焊接。采用电阻点焊时，由于压力、电流、表面状态的问题，会出现以下缺陷：焊点间距超差、点焊飞溅、焊点外形椭圆度超差、表面被焊穿、焊点滑动及焊点距板材边缘距离过小等。

本文阐述的个别焊点失效是由于焊点间距超差、焊点滑动、电极压力不足等造成的，使得点焊未连接、焊接强度达不到实际应用要求，因此必须对失效的焊点进行焊接修补。传统修补方式是用电阻点焊方法再次进行点焊，但有时因车体状态无法重新点焊，就需进行弧焊修补。

传统修补方法是 MAG 修补，先采用 φ8 钻头对失效的焊点进行钻孔，再用 φ8 平头铣刀扩孔至最后一层板，再进行 MAG 环塞焊。但在实验过程中，由于孔径过小，导致电弧在狭小空间内电压增大，电弧很难把焊缝根部熔合良好，使得填充金属瞬间将待焊空间塞满。这种修补方法对焊接操作者的技能要求极高，且焊后侧墙蒙皮外侧易出现焊穿或严重氧化色等缺陷，导致修复失败。

二、解决措施

通过操作方法和手法的改进，可进行 TIG 弧焊修补，在满足原焊点强度的前提下，减小弧焊变形，避免表面氧化，达到原设计要求。

1. 修补工艺方案措施

在待修补的焊点附近，用锡箔纸等不燃物对待修补焊点附近位置进行防护，然后按照下列步骤进行钻孔和修补（以厚度共 6.5mm 的四层板为例，见图 1）。

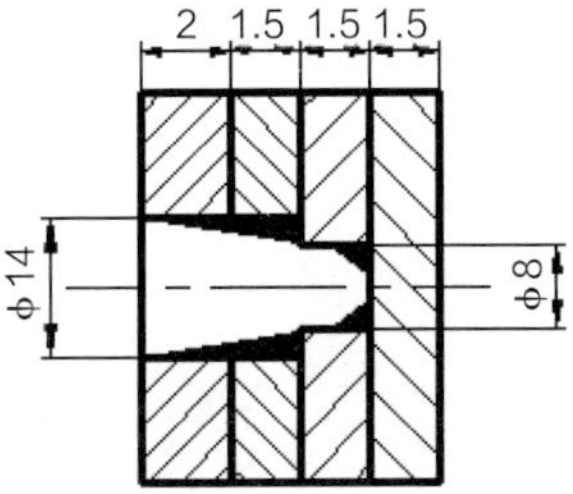

图 1　环焊孔直径（mm）

（1）从车体内侧用 φ3 钻头钻深度为 2~3mm 的孔，钻孔时应注意避免钻通墙板，用游标卡尺随时测量孔深。

（2）在钻孔的基础上，用 φ8 钻头铣削深度为 3~4mm 的孔，然后再用专用于不锈钢钻孔的 φ8 平头钻和 φ8 球头铣削深度为 5~5.2mm 的孔，最后用 φ8 平头铣刀铣削深度为 3.5~3.7mm 的 φ14 孔。铣削时应注意避免钻通墙板，用游标卡尺随时测量孔深，如图 2 所示。

（3）按照焊接参数，将补强板和侧墙板的环焊孔进行环焊，焊缝形式如图 3 所示。在环焊过程中，需对车体外部提前 5s 浇水，再进行焊接，焊接完成 1min 后再停止浇水。浇水时，注意水枪头在焊点正上方，与环焊位置保持 20mm 的距离，让水流顺墙面往下流，覆盖住焊点位置。

（4）用钢丝刷对弧焊焊缝进行清理，对飞溅的焊渣进行剔除。用电解消痕液消除侧墙外部环焊焊痕。电解液涂抹要均匀，严禁涂抹至非焊缝位置。

图 2　测孔深及直径

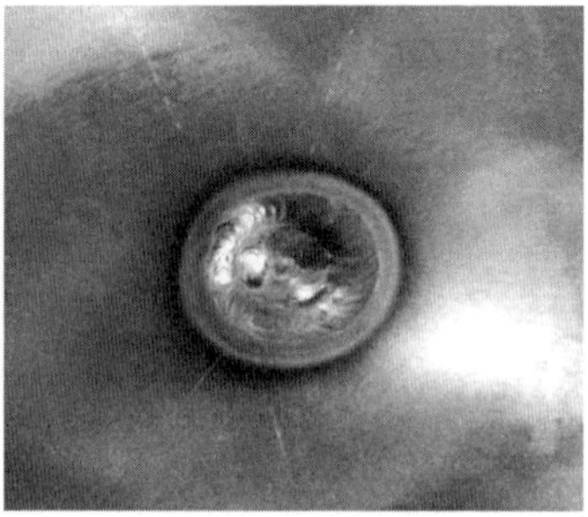
图 3　修补孔的焊缝

2. 修补工艺要求和参数

对于带蒙皮的四层板，可从内板向外板钻孔（只钻通内部三层板，保留最外层蒙皮板不被破坏）。钻头对准已钻的点，钻孔深度为 $t_0^{+0.2}$（t 为内部三层板板厚之和），非通孔。具体环焊孔直径如图 1 所示。

采用 TIG 修补时，焊接方式为环角焊，即在孔周围焊接一圈搭接角焊缝，焊角 z 等于中间层内板的板厚（1.5mm）；焊接位置不能连续，即需要间隔焊接，最少要隔一个焊点。TIG 修补工艺参数如表 1 所示。

表 1　TIG 修补工艺参数

焊接电流（A）	气体流量（L/min）	脉冲频率（Hz）	基值电流（A）	峰值电流（A）	焊丝直径（mm）	焊丝材质	脉冲模式
45~50	10~14	45	45	80	1.0	AWS A5.9-308LSi	高频

焊接时采用背面水冷方式，用水枪提前 5s 从车外向蒙皮板材浇水。在焊接区域上方大约 20mm 处浇水，让水自由流经焊接区域，中间不能间断，直至焊接完成 1min 后再停止。

值得注意的是，在应力的作用下，板材之间会产生大小不同的间隙，此时就需要进行 TIG 填丝焊接。在 TIG 填充修补过程中，应把填充焊丝均匀地加入熔池，不能扰乱氩气流。焊丝端部应始终处于氩气保护区内，以免氧化。修复即将结束时，应多填充焊丝，然后慢慢拉开电弧，直至熄弧，以防止产生过深的弧坑。修复完毕后，不应立即抬起焊炬，必须继续送氩气 3~5s，待钨极及熔池区稍冷却后，再停止输送氩气。若气阀关闭过早，会引起钨极及焊缝表面的氧化。推荐采用直流正接，以减少焊缝内的夹钨现象。

在焊接过程中，操作者需严格遵照工艺参数及控制焊枪摆动幅度，以获取高质量的接头，还应正确掌握持焊丝手法，以保证焊丝在手指间顺畅地移动至熔池内部。选择的电极尺寸要与焊接电流设置相符合，熔池的大小也取决于所用电极的尺寸和焊接电流的大小。

在 TIG 施焊前，应注意以下几点。

（1）由于 TIG 焊丝较长，故在施焊前应使用老虎钳将焊丝从中间截断，并将截面一端弯成钩状，以方便操作者进行焊接。

（2）应顺时针打磨钨极棒，切记不可沿垂直砂轮面打磨，否则易导致焊接时电弧不稳、漂移。打磨后，钨极不宜太尖，应适当加以磨平，否则会造成钨极烧损。

（3）焊接薄板时变形较大，故进行点固焊接时，需多点固几处，否则易出现错边、焊缝成型不良等缺陷。由于 TIG 的电弧燃烧稳定，能有效隔绝周围空气，使熔池、填充焊丝不受氧化和氮化，因而能获得高质量焊缝，且能进行高质量焊接。

3. 修补前后的力学性能及剥离焊点直径

对电阻点焊焊点和 TIG 修补后焊缝做力学性能试验，数据如表 2 和表 3 所示。

表 2　电阻点焊焊点试验数据

试验点 项目	1	2	3	4	5	6	7	8	9	10	平均值
拉伸剪切载荷（kN）	16.76	17.05	16.60	16.68	15.78	16.88	17.30	17.24	17.63	17.33	16.93
剥离焊点直径（mm）	6.92	7.28	6.96	6.70	6.86	6.78	7.26	7.16	6.78	7.80	7.05

表 3　TIG 修补后焊缝试验数据

试验点 项目	1	2	3	4	5	6	7	8	9	10	平均值
拉伸剪切载荷（kN）	13.54	15.60	14.80	14.80	13.98	14.50	14.75	15.80	14.21	15.39	14.74
剥离焊点直径（mm）	6.20	6.85	6.26	6.35	6.46	6.89	7.00	6.97	6.45	6.80	6.62

拉伸剪切载荷的技术要求为≥ 12kN，剥离焊点直径的技术要求为≥ 6mm。通过两组数据的对比，TIG 修补后的焊缝的拉伸剪切载荷和剥离焊点直径仍高于标准要求，表明采用 TIG 修补能满足实际生产的指标要求。

三、实施效果

采用 TIG 对电阻焊失效焊点进行焊点修补后，补修后的焊缝的强度高于设计要求，车体外观处有不明显的凹坑，类似于点焊的表面凹陷（如图 4 所示），无氧化色，符合不锈钢车体外观要求。经过多年的营运动载后，焊缝也无因应力导致的开裂与鼓包等缺陷。此修复方法经过多年验证，操作相对简单，技术成熟、稳定，对此类焊接修复起到了良好的借鉴作用。

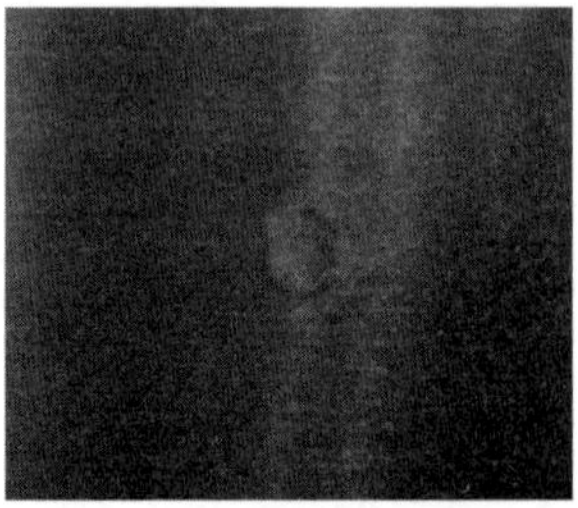

图 4　修补后的焊点蒙皮板

扫码观看视频讲解

（中车南京浦镇车辆有限公司：张洪逵，戴忠晨，金文涛，鲍永祥，刘凯）

3 不锈钢门扣铁焊接质量提升操作方法

一、问题描述

门扣铁组件是不锈钢城市轨道客车车体钢结构中经常采用的一种部件，其材质通常为 SUS301L-LT 不锈钢，由上下门扣铁、左右门扣柱、上下门角等 8 个部件组焊而成。由于门角压型具有一定的复杂性及特殊性，其与其他几个部件连接的尺寸、角度、坡口、焊缝间隙都需要依靠现场手工打磨研配，主要存在以下难点。

难点 1：原有充氩保护装置与工件几何形状不相吻合，与工件贴合不紧密，导致外部空气混入较多。充氩铜管出气孔分布位置不均匀，造成焊缝充氩保护效果较差，焊缝背面氧化严重。

难点 2：门扣柱为折弯件，有两个折弯点。通常为了保证两个工件的组对平度、维持工件的几何形状，焊接时常点固 3 点。较多的点固点容易使焊缝内部产生缺陷，增加了探伤测试不通过的风险。

难点 3：由于门扣柱是两折的折弯件，其焊缝由平焊缝和立焊缝构成。受工装位置结构限制，门扣柱的焊接操作空间较小，对操作技巧要求较高。

难点 4：工件折弯点容易产生背透缺陷，制约探伤测试一次性合格率的提升。图 1 为焊缝缺陷的示意图。

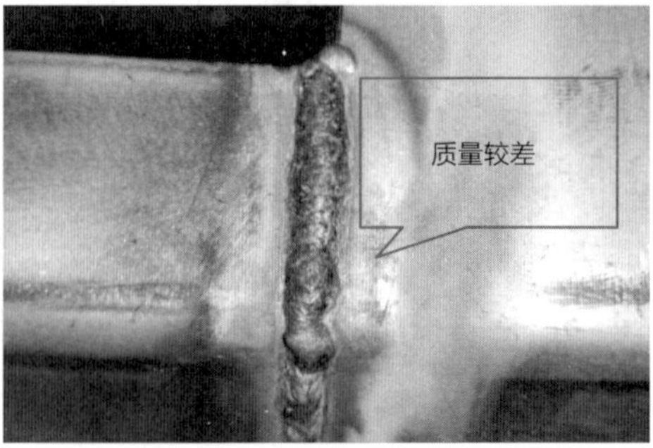

图 1　焊缝缺陷示意图

二、改进措施

可优化焊缝背面充氩保护装置，实现保护装置与门扣柱、上下扣铁、门角接触面贴合严密，减少气体混入；改变充氩小孔的直径及位置，使其分布更有序，达到保护气体出气均匀、平稳的效果；减少点固点；分析折弯处探伤检测存在问题的原因，找到折弯处缺陷自检处理的方法。

操作过程如下。

（1）优化背面充氩保护装置，将与门扣柱接触的充氩保护装置的内腔形状按照门扣柱形状进行加工，将与门角接触的接触面按照门角压形形状进行加工，如图 2 所示。在充氩保护装置出气的铜管上钻直径为 1mm 的小孔，使其交错分布。对充氩保护装置腔进行封闭焊接，防止其他气体混入，

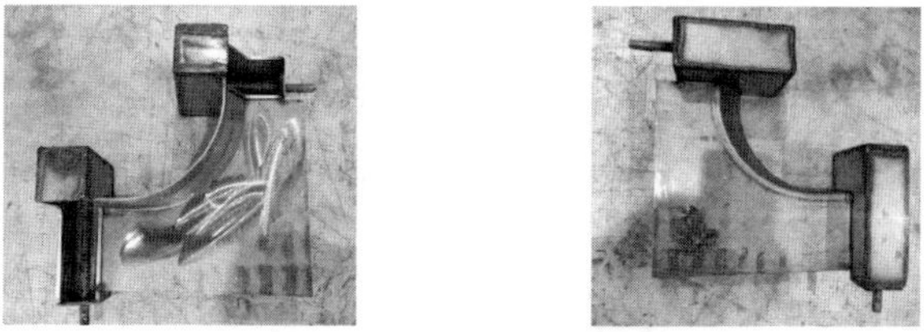

（a）内部结构　　（b）外部结构

图 2　优化背面充氩保护装置

用纯度为 99.99% 的氩气对焊缝进行充氩保护。

（2）对于门角、门立柱的单件焊缝，按照坡口 30°、组对间隙 1mm 的标准进行现场手工研配制备；用低温扇形磨碟对焊缝周边 25mm 内的范围进行打磨，确保焊缝周边无杂质，如图 3 所示；每道焊缝组对的点固点数量一律为 2 点，减少因点固点多造成的缺陷，如图 4 所示。

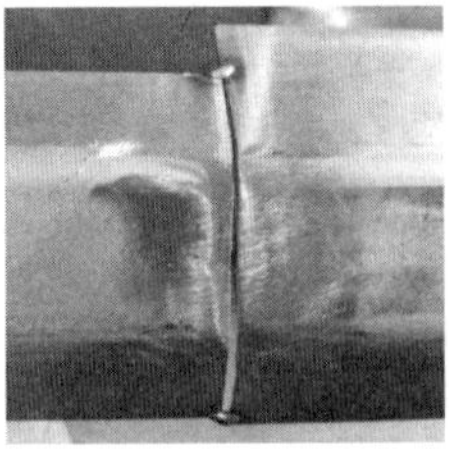

图 3　组对间隙 1mm

图 4　每道焊缝点固 2 点

（3）使用电动直磨机对点固点进行修磨，修成斜坡状，以便于熔透，如图 5 所示。

图 5　修磨成斜坡状

（4）焊前预充氩 30s，置换装置内其他杂质气体。使用直径为 2mm 的 308L 氩弧焊丝，焊接电流为 80A，收弧电流为 30A。先焊立焊缝。启弧时先用电弧将坡口加热，形成熔池后，将坡口击穿，形成熔孔后填丝。焊到立焊缝顶部填丝后，转为收弧电流，停止焊接后，继续进行气体保护 3s，然后移开瓷嘴，焊接效果如图 6 所示。后焊平焊缝。焊接接头时，先用电弧在接头位置加热，形成熔池，在感觉到熔池下沉时，随即填入焊丝。接头焊完后，转入正常焊接，焊缝整体效果如图 7 所示。

图 6　立焊

图 7　焊缝整体效果

（5）焊完焊缝正面后，通过翻转机翻转工件，对焊缝背面的背透缺陷进行检查，要重点检查门扣柱折弯处的焊缝接头，如图 8 所示。如发现有熔合不良的情况，需要进行重熔，如图 9 所示。如确认无误后，将整个门扣铁组件的固定夹具松开，下工装。

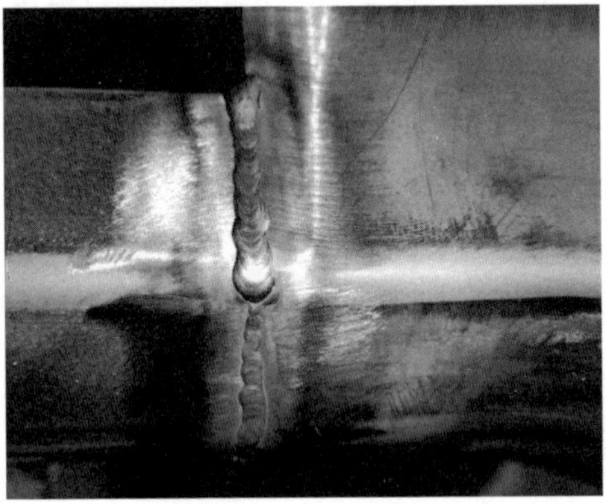

图 8　检查折弯的焊缝接头

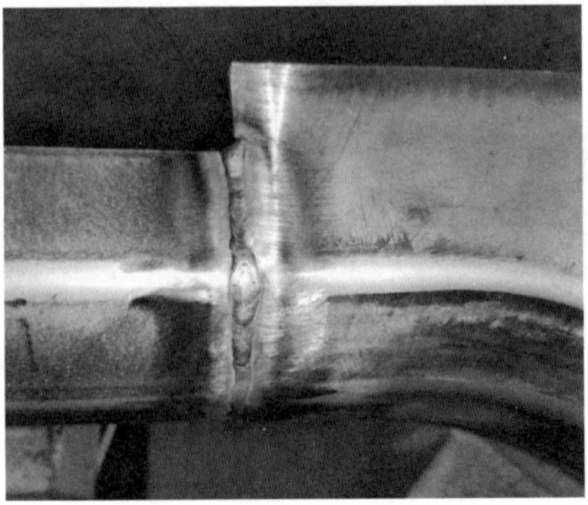

图 9　对折弯处进行重熔

三、实施效果

通过以上焊接操作，已累计生产相同结构的门扣铁组件300多个，探伤测试一次性合格率达98%以上，减少了返修次数，有效地提高了生产效率和产品质量。

扫码观看视频讲解

（中车长春轨道客车股份有限公司：孙宏宇，沈建国）

4 不锈钢制动管插接 TIG 自动焊操作方法

一、问题描述

新型铁路货车所用的制动管采用不锈钢管插接焊接接头体连接，接头体的焊接质量直接关系到铁路行车的安全问题。原有生产工艺是采用 MAG 焊接机焊接，生产效率高。但在实际运用过程中，经常会出现小直径制动管接头体裂损现象（如图 1 所示）。后来工艺优化，对于规格 DN20 及以下的管系用 TIG 自动焊接机焊接。

TIG 自动焊接机包括焊接电源、定位系统、焊枪及送丝控制系统，其原理是将接头体水平放置，将制动管垂直插入接头体，并用风动夹紧装置固定，焊接电源内部控制系统控制旋转系统，带动焊枪做圆周运动。TIG 自动焊接机为直流氩弧焊机，带有起弧、收弧、脉冲、弧长跟踪、水冷等功能，还具有多种配套设备的控制功能（如图 2 所示）。

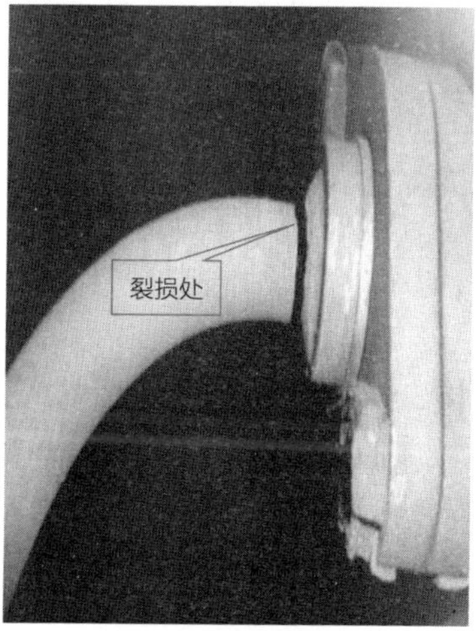

图 1　接头体裂损

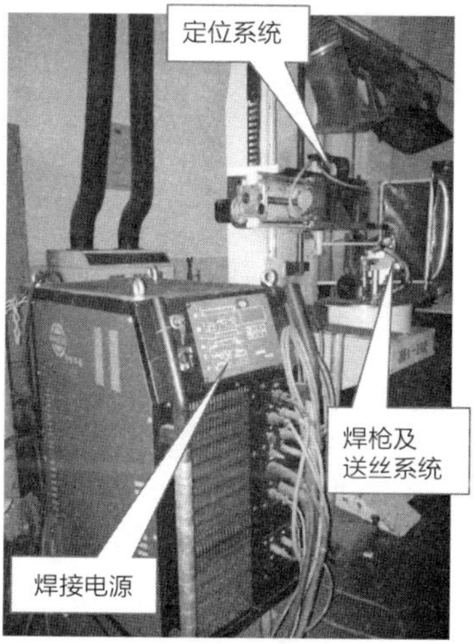

图 2　TIG 自动焊接机

制动管接头体插接采用 TIG 自动焊接机进行焊接，理论上焊接质量能够达到近乎完美，但在实际生产中，受工艺参数的选择、专机的定位工装和操作者的经验影响，经常会出现焊缝成型不良、接头体垂直度超限、生产效率低等问题，造成返修甚至报废。在一般生产过程中，由于焊接工艺参数选择不当，会造成过烧、未熔合、咬边、接头脱节、气孔等焊接缺陷。

不锈钢制动管接头采用插接的连接方式，接头体和管子的组装垂直度要求不能大于0.5mm/100mm。但由于接头体和管子的配合间隙过大，焊后经常会出现垂直度不合格的缺陷，使得产品报废。

二、解决措施

焊丝采用ER308，直径1mm，规格为1kg/盘；钨极采用φ3.2mm铈钨；保护气采用纯度为99.99%Ar，气体流量为5~8L/min，正面保护，内部不充保护气。

1. 焊接电源工艺参数的选择

自动焊接机需要设置的参数很多，必须选择合理的数值，才能保证焊缝质量。采用脉冲焊接电流，焊枪不摆动，匀速送丝。

焊接电源参数设置：采用自动焊接机焊接DN10、DN15、DN20三种规格的制动管，有些一般机械参数设置是相同的，焊接电流和焊接速度等参数有差异。

（1）通用参数设置。

参数名称	设置	参数名称	设置	参数名称	设置
T01（预送气时间）	2s	T02（滞后送气时间）	8s	K1（电流）	PDC
I（电流增量）	3A	T11（预熔时间）	2s	T12（峰值时间）	0.15s
T13（基值时间）	0.25s	N11（焊接行程）	375°	T14（衰减时间）	6s
K2（方向选择）	CW	R（机头代码）	59	△V21（旋转速度增量）	10‰
B（归位选择）	OFF	K3（送丝开关）	ON	Wi-p（脉动送丝）	OFF
T31（滞后送丝）	365	△V31（速度增量）	10‰	N31（送丝行程）	725‰
T32（回抽丝时间）	0.25s	K4（横摆开关）	OFF	K5（弧长跟踪）	ON
T51（弧长滞后）	1	U51（弧长电压）	10.5V	△U51（电压增量）	0.1V
Sens（灵敏度）	8	N51（跟踪行程）	370D	H51（碰工件抬升）	2.0mm
PGJ（选择）	OFF	H52（焊后抬升）	10mm		

（2）不同规格品种对应参数设置。

规格	I11（预熔电流）	I13（基值电流）	I12（峰值电流）	V31（峰值送丝速度）	V21（旋转速度）
DN10	80A	48A	140A	140‰	490‰
DN15	90A	54A	145A	130‰	390‰
DN20	100A	60A	155A	120‰	325‰

2. 制动管接头体的定位

对于制动管接头体垂直度尺寸精度的把控也是自动焊接的一项重要工作内容。根据不同的形状，主要分为 4 种类型。

（1）直管的定位：利用焊机自带的两个由风缸驱动的 V 形块来保证，V 形块可以上、下、左、右自由调整。操作时，先用 V 形块夹紧管件，然后根据接头体中心位置直接调整到位。

（2）“L”形管的定位：由于焊机的设计原因，无法满足“L”形管的定位要求，可以利用辅助工装进行定位。把定位工装用 V 形块夹紧，然后调整到合适位置，利用辅助工装的夹手紧固管件（如图 3 所示）。

（3）异形管的定位：对于一些形状复杂的管件，可以在焊机旁边设置一个小型的可调整高度且平行于焊接机平台的辅助平台，利用管件上垂直于法兰接头焊接位置的直线段进行固定，满足定位要求（如图 4 所示）。

图 3 “L”形管定位

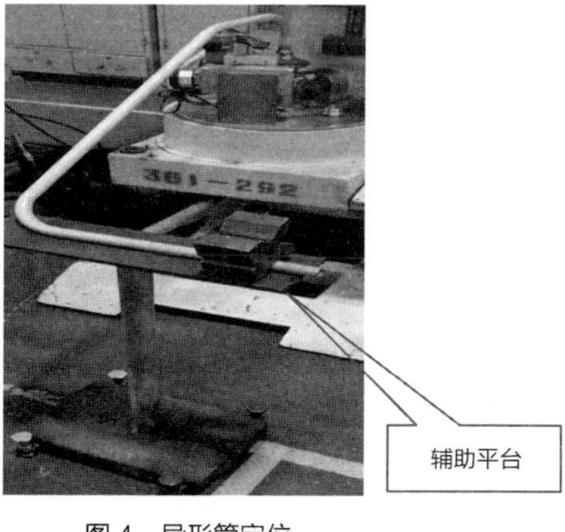

图 4 异形管定位

（4）“U”形管的定位：焊接机是通过焊枪旋转来进行操作，受此影响，开口尺寸小于焊枪旋转半径（200mm）的“U”形管件无法在焊接机上进行操作；对于开口尺寸大于200mm的管件的定位，可参照直管的定位方法。

3. 钨极角度

采用钨极研磨机进行修磨，钨极角度准确，研磨质量高。钨极角度为26°~30°最佳；钨极角度小时，钨极烧损较快，焊接辅助时间增加；钨极角度过大时，会造成电弧不集中，容易产生根部未熔缺陷。以DN15管为例，采用这种钨极角度，可以焊接60~70个接头，钨极寿命延长2倍以上。

4. 电弧高度和脉冲电流

电弧高度以2mm左右为宜。电弧太低，在焊接过程中遇到飞溅时，容易造成钨极和熔池接触，产生钨极烧损和夹钨现象。电弧太高时，又会导致电弧不稳定。脉冲电流过小时，焊脚尺寸偏小，熔深浅；脉冲电流过大时，会产生焊透和咬边缺陷。

5. 焊枪角度和焊丝角度

焊枪与水平面的夹角为50°~55°。角度过小，会造成焊缝咬边、管壁过烧；角度过大，会造成焊缝偏角，管壁未熔合。焊丝角度与焊接方向夹角为 15° ~20° ，与钨极夹角为 80° ~90° ，且与钨极处于一个水平位置。焊丝与钨极距离为 1~2mm。

6. 送丝速度对焊缝形状的影响

送丝速度一定要跟焊接电流和焊接速度相匹配。电流大，焊接速度快，送丝速度也要加快；电流小，焊接速度慢，送丝速度也要减慢。送丝速度偏慢时，容易产生咬边和焊缝等缺陷，有效厚度不够；送丝速度偏快时，会产生焊缝余高大、熔合不良等缺陷。

7. 接头的处理

接头体焊缝属于圆周焊缝，焊缝起头和收尾在同一个位置。焊接时，要盖过起头位置 2~3mm 后再进行收弧，避免产生脱节现象。电弧不要直接熄灭，采用电弧衰减、焊枪继续前进的方式灭弧，避免产生收弧裂纹。

8. 焊缝颜色发灰

TIG 焊缝的最理想颜色是银白色。在实际生产中，经常会出现焊缝颜色发灰的现象。类似焊缝的表面有一层渣，造成这种情况的原因有以下几种。

（1）气体纯度不合格。此时应进行气体纯度检测。

（2）钨极伸出长度过大。此时应将钨极伸出长度调整为10~12mm。

（3）喷嘴直径过大或过小。宜选用10#喷嘴。

（4）焊枪内部的导气筛网损坏（如图5所示）。此时应及时更换配件。

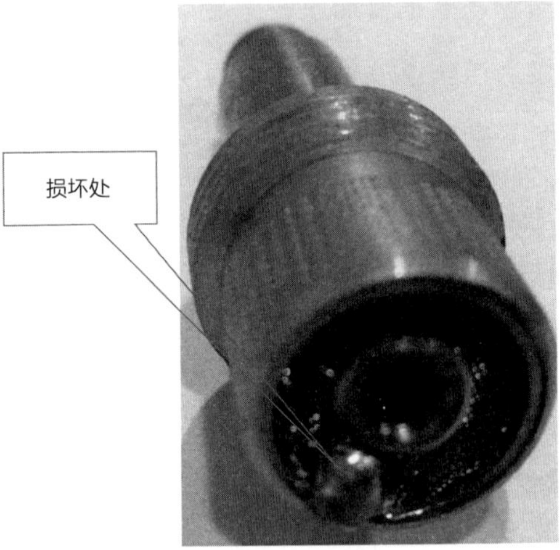

图5　导气筛网损坏

9. 粘钨现象

TIG自动焊接机带有电弧跟踪功能，可以保持电弧设定长度不变，但是在供电网络电压发生轻微波动时，会出现焊枪主动粘连焊件的现象，影响焊接的正常进行。此时需要手动调整焊接电源参数，关闭弧长跟踪（即K5设置为OFF），待电压稳定时再调整打开，必要时在焊接电源前加稳压器。

10. 制动管焊缝内壁氧化

TIG自动焊接机对工件内部没有充氩保护，导致焊缝的内部位置容易出现氧化现象。导致这一现象的原因有焊接电流过大、焊接速度过低、焊枪角度过小、起弧电流和收弧电流过大等。还有一种不常见的故障原因，即TIG自动焊接机是利用伺服电机带动焊枪进行旋转的，而在实际生产中，偶尔会发生焊速偏低现象，即在空载运行时，焊枪的旋转速度明显低于启动时的速度。解决办法是调整伺服电机的驱动电流（由专业电工操作），检查内部轴承是否损坏。

三、实施效果

我公司在各品种新造车的不锈钢制动管插接焊接生产中，均已采用本操作技巧进行生产。通过此方法，焊缝成型美观，未出现过烧、未熔合、咬边等缺陷；接头体垂直度合格率达到100%；单机生产效率由4辆/天提高到10辆/天，为公司不锈钢制动管插接TIG自动焊接的应用提供了技术支持，有极大的借鉴和推广价值。

扫码观看视频讲解

（中车石家庄车辆有限公司：李强，李之昀，刘昆，刘洋，王云雷）

5 罐体封罩仰 45° 全熔透 TIG 焊接技巧

一、问题描述

LNG 集装箱、LNG 铁路罐车等大部分产品均采用八点支撑的双层罐结构。在此结构中，玻璃钢封罩结构是产品的主要受力点。在将容器内的受力传递到外罐及相关的支撑结构的过程中，封罩与外罐的焊缝起着决定性的作用。此前，在抽真空时，封罩部位多次出现漏点，导致夹层空间的真空状态无法保证。此种情况返工较难，极有可能造成外罐报废。因此，封罩焊缝质量一次性合格率对整个产品的质量至关重要。

受套罐工序影响，在生产过程中，封罩未完成焊接之前，罐体是不能转动的，套罐时 4 个下封罩全处于仰角 45° 位置（如图 1 所示），焊接操作难度极大。下面主要介绍在试制生产时，攻关解决此焊接难题的操作技巧。

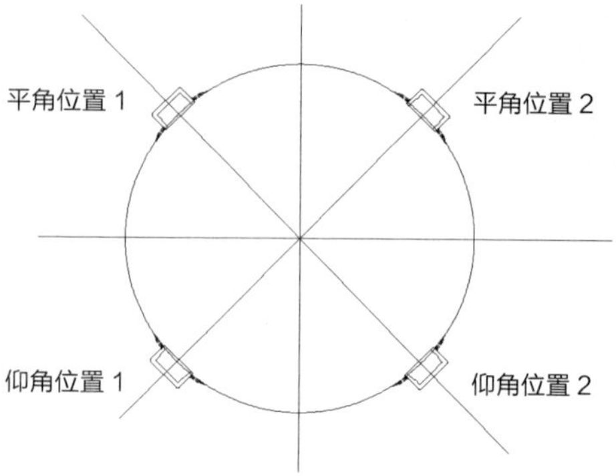

图 1　固定端和滑动端仰角 45° 位置（仰角位置 1 和仰角位置 2）

二、解决措施

1. 主要工序及操作方法

（1）材料及焊接形式。

母材：封罩材料为 16MnDR Ⅱ钢板，规格为 t20mm ；板材为 16MnDR 钢板，规格为 t6mm/t4mm；焊缝接头形式见图 2，焊接位置见图 3。

焊材：焊丝 ϕ2.0，ER50-6。

电源极性：直流正接。

气体：纯度 99.97%的氩气。

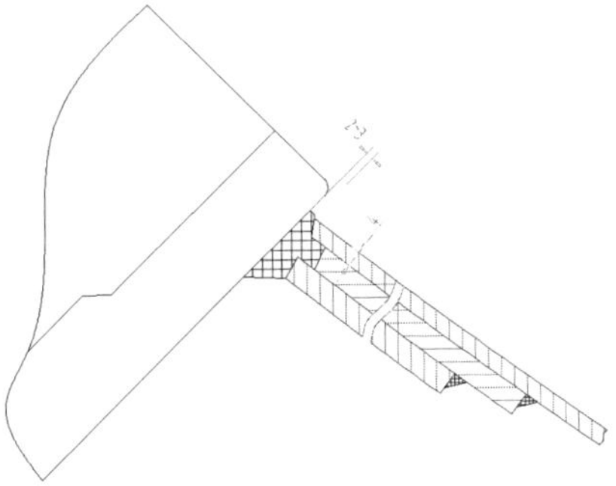

图 2　焊缝接头形式

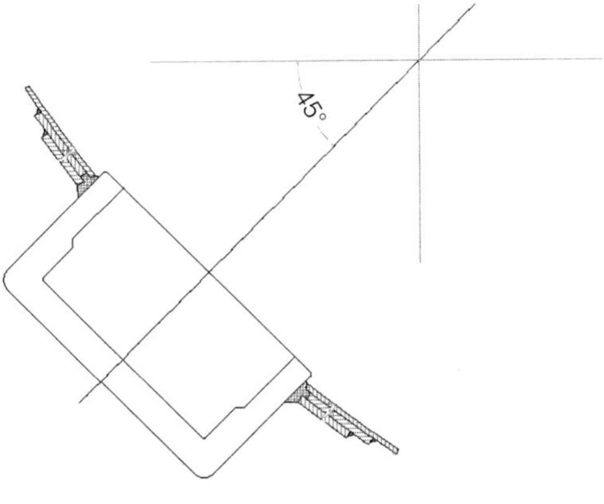

图 3　焊接位置

（2）焊前处理及装配定位。

①表面清理：将筒体正、反面两侧 20mm 范围内及坡口表面的油、锈、水和氧化物等杂质彻底清除干净；将封罩预先进行酸洗，并保证表面洁净。

②装配要求：试件装配要求如图 4 所示。坡口钝边厚度 0~1mm；定位焊要保证单面焊双面成型，长度 10~15mm，装配间隙 2mm 左右。

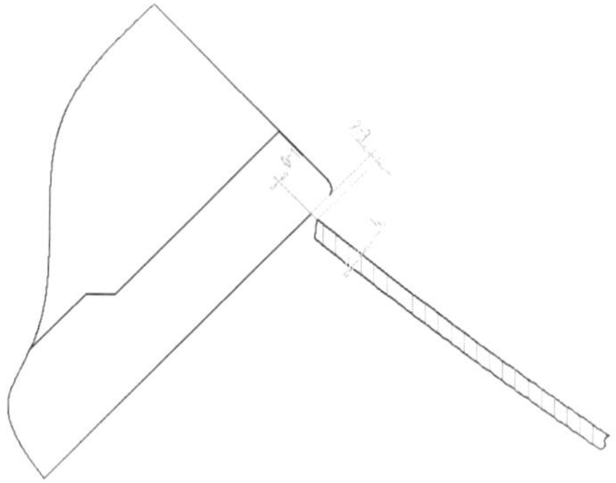

图 4　封罩装配

2. 主要操作方法

（1）封罩打底焊工艺。

①定位焊：采用 4 点固定，分别在 5 点钟、7 点钟、11 点钟和 1 点钟附近点焊固定，以保证施焊过程的连续性。点

焊时，尽量将电弧中心及焊丝位置靠近根部，并短暂延迟2~3s，使熔孔在根部充分形成。采用息弧法及月牙摆动法将封罩与筒体坡口充分熔接到一起，保证点焊处熔透。不管是4点钟、7点钟位置，或是11点钟、1点钟位置，焊枪尽量对准封罩以保证封罩形成熔池，从而引焊丝与管板搭接形成过度熔池，以保证全熔透单面焊双面成型。焊枪角度及送丝角度如图5所示。

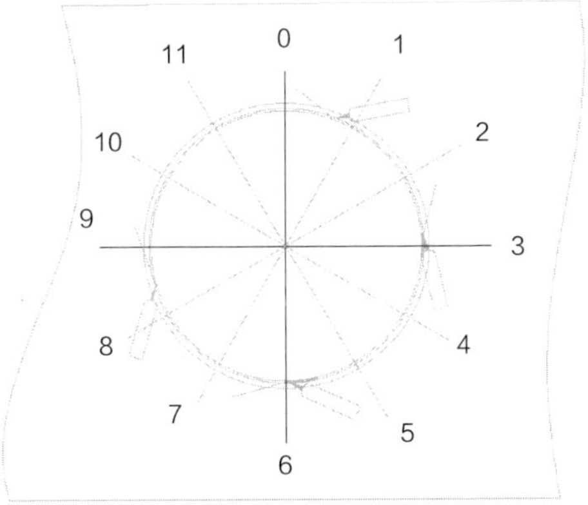

图5 焊枪角度及送丝角度

②5点钟到7点钟位置：此位置需采取横焊与仰焊，采用左焊法操作，焊枪摆动方向与封罩轴线保持45°~60°，与垂面方向保持10°左右。运枪时，采用上下月牙摆动方式打

开熔孔，焊丝尽量靠近封罩，以点移法送丝。熔池形成后，在月牙摆动到封罩与焊丝接触位置时稍作停留，让焊丝充分熔化。熔池因重力作用向筒体移动，直到接触到筒体时，焊枪弧心移至筒体坡口附近形成熔池，保证背面成型。

③ 1 点钟到 11 点钟位置：与 5 点钟到 7 点钟位置不同的是，此时封罩在下，起弧位置仍在封罩上，焊枪上下摆动，焊丝在筒体侧移入，形成熔池，并延伸至封罩。焊枪的运走方式和行走速度与 4~7 点钟位置时相似。

④ 7 点钟到 11 点钟位置：在此位置倾向于使用立焊与仰焊，操作时可将焊枪倒置，焊枪左右摆动。焊枪弧柱尽量内伸，焊丝在封罩侧熔化后，延伸至筒体，形成熔池，以保证背面成型。

注意，焊接到点焊位置时，有时必须将点焊缝重新熔化。在电弧离点焊点的距离为焊丝直径的 2 倍左右时，电弧沿熔孔周边画圈，等充分打开熔孔后，快速填丝，以保证接头处焊接质量。焊接顺序最好选择对称焊，可以充分保证施焊时间，优先从小间隙位置施焊。打底焊的工艺参数如表 1 所示。

表 1　焊接参数

焊接层次	焊接方法	焊材牌号	焊材直径（mm）	焊接电流（A）	电弧电压（V）	焊接速度（cm/min）	气体流量（L/min）
打底焊（1）	GTAW	ER50–6	2.0	80~100	14~17	6~9	10~15
填充焊（2）	GTAW	ER50–6	2.0	80~130	14~17	9~10	
盖面焊（3）	SMAW	J507RH	3.2	120~140	20~24	12~17	

（2）填充层焊接。

焊前先清除打底焊焊道和坡口附近氧化部分及熔渣，将熔接不良的部分通过打磨或再熔接处理光滑。

焊接方法同打底焊，也可连续施焊。焊接时可以采用摇把形式，将焊嘴稍用力压在焊缝上，手臂以一定幅度摇摆，可以提高焊接过程中焊枪的稳定性及气体的保护效果，使得焊缝成型较好。

（3）盖面层焊接。

焊接盖面时，罐体可以转动，所有位置均可处于平角焊位置。焊接参数如表 1 所示，操作方法不再赘述。

3. 关键点

在整个焊接过程中，焊接顺序、焊枪的角度、打底焊参数的大小、运条手法、送丝方法和时机都是影响焊接质量的关键。下面是实际操作中的难点介绍。

（1）仰焊操作时，因熔池受重力作用，熔滴容易脱离熔池，施焊时焊缝容易背面成型不良或表面形成焊瘤，操作难度大。

（2）封罩厚度为 20mm，筒体厚度为 4~6mm，板厚不一样。施焊时，让两个部件同时熔化的难度较大。

当焊接参数调定后，送丝位置、熔孔形成位置、摆动停留技巧以及熔孔控制技术为此操作中应注意的关键点。

三、实施效果

封罩仰角 45° TIG 打底焊、填充焊工艺解决了 LNG 罐车、罐箱产品套罐过程中无法旋转的难题，同时大大提高了封罩的检漏一次合格率（提高到 98% 以上），降低了焊接返修成本（若产生返修，每台车的成本至少增加 5000 元）。

总结可知，本操作技术可以保证内部焊接质量和焊缝外观成型，对工件无法翻转、反面无法清根的插接接头和返工、返修时的仰焊操作具有较好的指导作用，实用性较强。

扫码观看视频讲解

（中车长江车辆有限公司冷智装备分公司：余英）

6 机车主进油管氩弧焊焊接技巧

一、问题描述

1. HXN5 机车主进油管焊接现状及难点

HXN5 机车主进油管管径较大，管壁较厚。原采用手工电弧焊焊接，既不能保证焊缝内部无缺陷，又很难控制焊缝底部在管壁内部的成型状态。如果焊缝过高或存在焊瘤，就不便于机油管的内部清理。如果焊缝过低形成凹槽，就会在凹槽内形成积污，既不便于清理，又影响了焊缝的质量。如图 1 所示。

2. 改进方向

采用手工钨极氩弧焊焊接工艺，是使电极、电弧区及熔化金属都处在氩气的保护中，使之与空气隔离，从而达到保护熔池金属的作用。这是一种高质量的焊接方法，对保证产品质量具有一定的技术优势。

图 1　机车主进油管焊接

二、解决措施

1. 焊前准备

（1）该焊接方法对焊件和焊丝清洁程度要求较高。机车主进油管是由法兰、浇缸弯头以及直径为 114mm 的碳钢管拼装而成，所以必须在现场点焊拼装而成。点焊时，一般采取三点固定法，而且点焊时一定要焊透，不允许有虚焊出现。点焊前，先将焊缝清理干净，用钢丝刷将焊缝上的锈迹和污渍刷干净。拼装时如需切割，一定要将毛刺打磨干净。

（2）焊接时，氩气的纯度不低于99.7%，流量为6~10L/min。钨极长度伸出断面6~9mm，选用直径为2mm的TIG-50碳钢焊丝，焊接电流为150~180A。

2. 焊接步骤

（1）碳钢管和浇钢弯头的对接焊接。

采用滚动焊接方法：焊接前，先将焊缝均匀选择三个焊点固定。将原先用手工电弧焊点焊的点打磨掉，这样可以避免因焊接的材料不同而引起焊接缺陷。电弧引燃后，移向始焊位置，稍微停顿3~5s，待出现清晰熔池后，即可往熔池内送丝。由于进行大直径管道焊接，焊丝消耗量较大，应采用连续送丝法。送丝速度以充分熔化焊丝和坡口边缘为准，焊丝与喷嘴保持一定角度。

焊丝和焊件的夹角一般为10°~20°，焊枪和焊件的夹角一般为70°~80°。焊枪与焊件的夹角过小，会降低氩气的保护效果；夹角过大，操作及增加焊丝比较困难。焊接一段距离后，将焊件转动一次。由于是单道焊焊接，所以在焊接时要控制好焊枪运行的速度和送丝速度，确保每次送丝都能将焊丝送到母材的边缘。焊缝底部成型要平整光滑，不能有焊瘤和凹槽出现。焊缝的表面要饱满、均匀，不能存在未焊透、夹渣、裂纹、气孔等缺陷。按照这样的顺序将焊件焊完，焊接收尾时不要立即将焊枪移开，要停留 10s 左右再移开，这样能让焊缝有个缓和冷却的过程，以便获得性能优质的焊缝。

（2）碳钢管和法兰的焊接。

焊接碳钢管和法兰的焊前准备与碳钢管和浇钢弯头的对接焊接差不多。考虑到法兰厚度较大，可将电流调到 200~220A。法兰和碳钢管道连接时，采用的焊接方式为承插焊，焊缝为角焊缝。由于法兰厚度较厚、焊缝宽度较宽，焊接时一般采取摇把式焊接方法。

摇把式焊接方法是指在靠母材坡口一侧引燃电弧，大拇指沿食指指尖方向摩擦送丝，形成熔滴、熔池，然后利用手腕的摆动使焊嘴扇形滚动摆动，利用熔滴的表面张力作用来填充坡口的一种手工氩弧焊焊接方法。送丝时，大拇指、中指和食指紧夹焊丝，用大拇指沿食指指尖方向靠摩擦向前推动送丝，焊丝从无名指和小指中间穿过，起到定位作用。

摇把式焊接方法的特点是续丝稳而快、不间断，均匀地摆动也加大了氩气的保护圈，更好地保证了焊缝的质量。使用这种方法焊接，熔池均匀，气体保护得当，焊缝外观美观，还能有效地减少焊缝两侧的咬边现象。摇摆时，瓷嘴是靠在坡口内或者焊好的焊缝上摇动的，有较好的稳定性。焊接时，根据焊缝的宽窄、深浅、温度等，选择适当的前移量、频率、速度、送丝方法，尽量减少宽度差。通过以上操作，基本上就能焊出较平整的焊缝。

（3）管道和法兰内腔的焊接。

为了防止管道和法兰连接处堆积油污和垃圾，必须要用氩弧焊将其焊平。内腔焊接可以采用普通平焊法，也可采用摇把法焊接法，因为这里的焊接主要是起到填充的作用，如图 2 所示。

图 2　管道和法兰内腔的焊接

3. 注意事项

（1）尽量减少焊接过程中的停顿次数和接头次数。更换焊丝时，应采用不停弧的热接头方法。

（2）在焊接过程中，焊丝要连续送入熔池中，稍作横向摆动；焊缝要平整，避免焊缝超宽超高；焊缝不能超出法兰平面；引弧和熄弧时，避免将焊嘴对着法兰面，以免将法兰表面打毛。

三、实施效果

通过以上方法焊接 HXN5 机车主进油管，不仅生产效率高，而且焊缝外型美观，提高了管件的质量。此方法简单易学，减少了电弧焊去除药渣和修补焊接缺陷的时间，大大提高了工作效率。

扫码观看视频讲解

（中车戚墅堰机车有限公司：陈东海，杨一，刘军）

7 手工 TIG 手持式可调速自动送丝装置操作方法

一、问题描述

1. 手工钨极氩弧焊简介

钨极氩弧焊（TIG）是以氩气为保护气体的电弧焊，是通过钨极与工件间产生的电弧热来熔化母材和填充焊丝的一种熔化焊方法。用钨极氩弧焊可以焊接各种厚度的各种金属材料，实现全位置焊接。其焊接电弧稳定、能量集中，易获得高质量的焊缝。钨极氩弧焊广泛应用于对焊缝质量要求高的高强度钢、高合金钢及有色金属焊接中。

2. 手工钨极氩弧焊操作存在的问题及改进方向

目前进行钨极氩弧焊时，一般左手手动送丝，右手持焊枪，双手同时操作。手动送丝的方式存在送丝速度不均匀（钨极氩弧焊送丝方式有点滴送丝和连续送丝两种送丝方式）、焊丝送进位置不准确等问题，对焊工的操作技能要求较高，严重影响焊接质量，会造成焊缝外观成型较差（如图 1 所示）、焊缝宽窄不均匀及鱼鳞纹等缺陷。

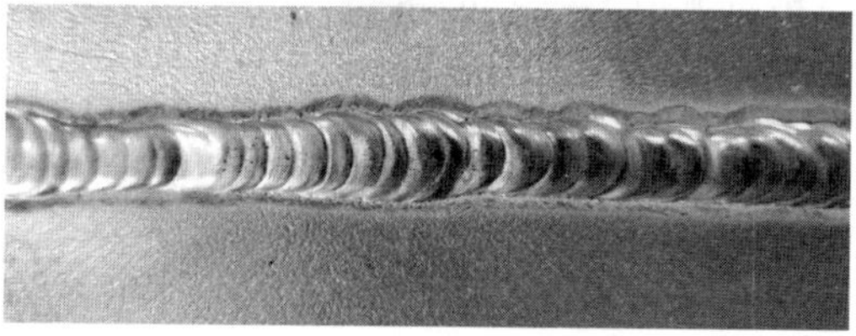

图 1　手动送丝焊缝外观

产生送丝速度不均匀及回收送进位置不准确的原因是氩弧焊焊丝一般较细（常用 ϕ1~2.5mm、长度 1m 的直条），手指捻送焊丝时，焊丝极易颤动，导致焊丝不能准确地被送到熔池，且容易触碰钨极，在焊缝内部形成夹钨的焊接缺陷。送丝速度不稳定、送丝过快也易使焊丝触碰钨极，产生夹钨的焊接缺陷。送丝速度不均匀还会使得焊接过程间断较多，导致焊接接头增多，容易形成熔合不良等较严重的焊接缺陷。

为了解决上述问题，设计了手工钨极氩弧焊手持式可调速自动送丝装置。此装置利用可调速电机实现匀速或变速焊丝送进（送丝速度控制在 0~450mm/min），使得焊丝送进位置更精准，降低了操作难度，提升了焊缝焊接质量。

二、解决措施

1. 手工钨极氩弧焊手持式可调速自动送丝装置设计方案

手工钨极氩弧焊手持式可调速自动送丝装置的防尘护罩正面可左右方向开合。左右折页门靠磁体吸附，方便更换焊丝。上下开合折页与从动辊轮可一体开合，方便拆卸更换从动辊轮。防尘护罩背面安装微型低压电机，由与其相匹配的电机调速控制器、可调电源以及整流变压器等部件构成（如图 2 所示）。

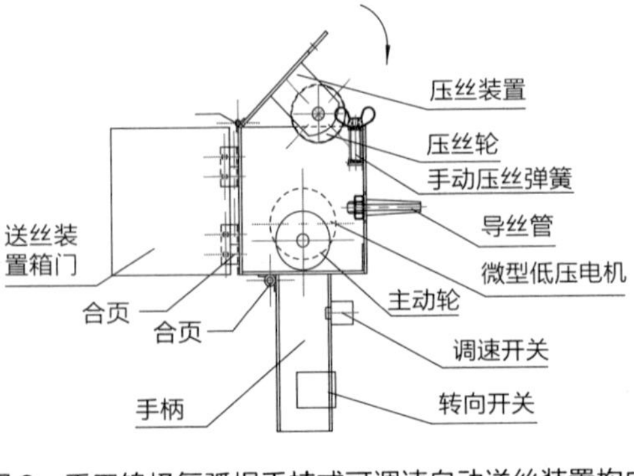

图 2　手工钨极氩弧焊手持式可调速自动送丝装置构成

2. 手工钨极氩弧焊手持式可调速自动送丝装置功能特点

（1）该装置由薄钢板焊接而成，重量较轻、手持轻便、易操作、组装制作简单、成本低，有着较强的实用性。

（2）主动轴（即可调速减速电机转轴）固定在该装置的焊丝压送箱上，主动轮和压丝轮设计为可拆卸式的，便于磨损严重时更换。

（3）主动轮表面有滚花纹路，能增大摩擦力，保障焊丝送进时速度稳定均匀、不打滑。

（4）压丝轮表面中心位置有深 0.5mm、宽 2mm 的圆弧凹槽，凹槽确保焊丝送进方向的精准。压丝轮利用弹簧压紧装置，可手动调节压丝轮压力，操作简便。

（5）导丝管采用紫铜材料制作，可提高焊丝送进的润滑性。

（6）调速开关、主轴转向开关安装在手柄处，方便操作。

（7）匹配直流电机调速器，可控制焊丝送进的速度。

（8）匹配整流变压器，可将 220V 交流电转换为 12V 直流电，供可调速电机工作，并且对操作者具有安全保障作用。

手工钨极氩弧焊手持式可调速自动送丝装置的实物图如图 3 所示。

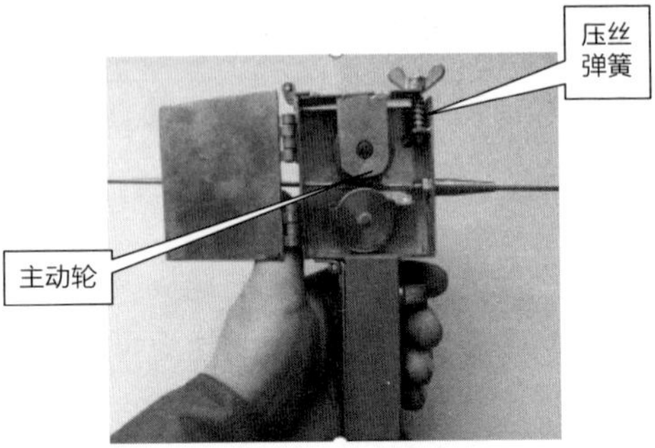

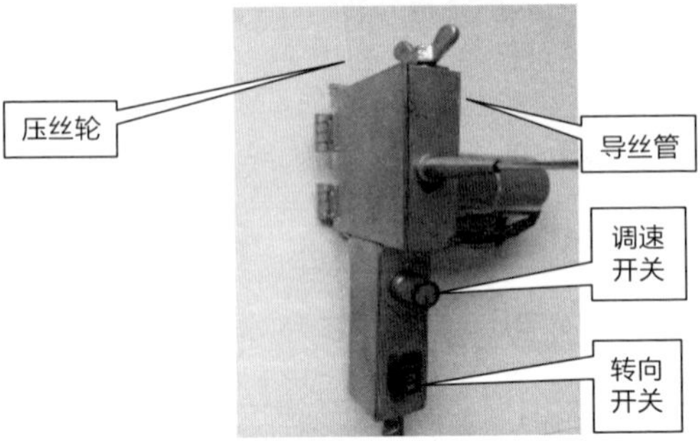

图 3　手工钨极氩弧焊手持式可调速自动送丝装置

三、实施效果

手工钨极氩弧焊手持式可调速自动送丝装置具有结构简单、便于携带、焊丝送进导向准确、焊丝送进速度稳定、可调节、操作简便等优点。由于解决了送丝速度不稳定及送丝位置不准确等问题，该装置有效地避免了焊丝触碰钨极产生夹钨等缺陷，并且提高了焊接效率。焊缝质量较手动送丝有了较大地提升，如图 4 所示，焊缝成型宽窄一致，鱼鳞纹均匀美观，焊接质量得到明显提高。

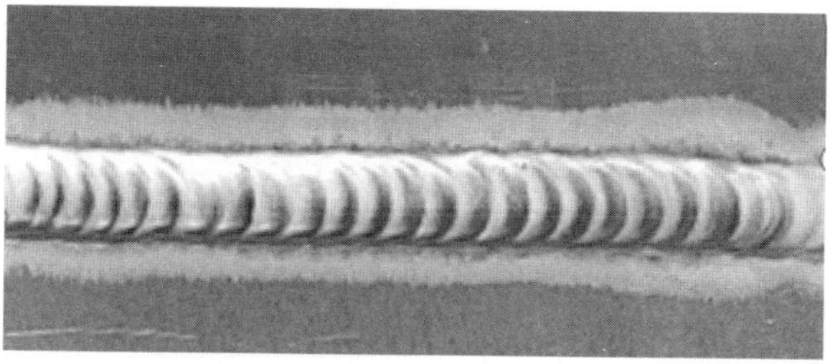

图 4　手工钨极氩弧焊手持式可调速自动送丝装置焊缝外观

扫码观看视频讲解

（中车太原机车车辆有限公司：齐晓刚）

8 小口径不锈钢管对接 TIG 焊接操作方法

一、问题描述

1. LNG 罐式集装箱加排管路系统对接焊缝现状简介

LNG 罐式集装箱加排管路系统采用不锈钢材质，主要用于介质的加装与排泄。根据功能需要，该系统设计有顶部进液管、气相管、差压气相管、溢流管、增压管、底部充排液管、差压液相管 7 套管路系统，全部分布在有限的管箱封闭空间内，使得在焊接过程中存在焊缝层叠阻碍多、焊缝接头多、焊接难度较大等操作难点。图 1 为 LNG 罐式集装箱。

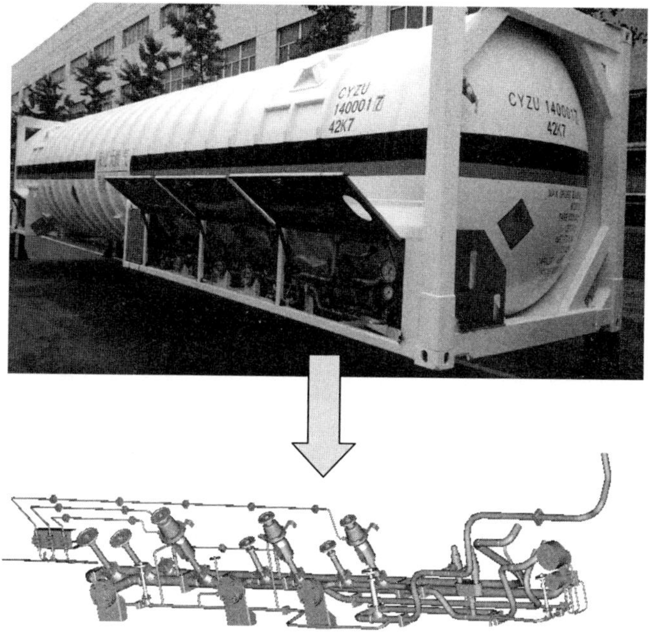

图 1　LNG 罐式集装箱

2. 加排管路对接焊缝存在的问题及改进方向

（1）存在的问题：加排管路焊接接头分布集中，先装管路会阻碍后装管路焊缝接头的施焊，7 套管路相互层叠、阻碍。同时在现场组装过程中，管路工艺件的组装间隙、错边量存在偏差，使得焊接质量难以控制，焊缝探伤测试一次性合格率不高。

（2）改进方向：通过分析焊接接头操作空间的难易程度，按照“先难后易，先小空间后大空间”的方法，对焊接接头按顺序进行编号，同时对操作手法进行改进，达到改善焊缝质量，提高探伤测试一次性合格率的效果。

二、解决措施

1. 工艺措施

（1）焊前准备。

①坡口加工及组装。

根据设计图纸，单边坡口为 30° ，组装间隙为 1~2mm，对接接头错边量应小于 0.5mm，如图 2 所示。

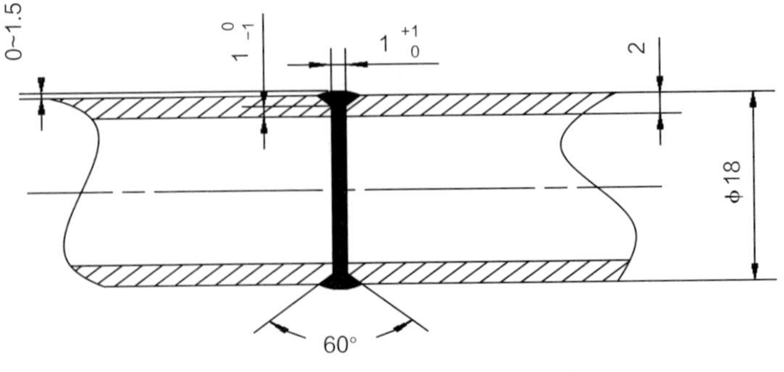

图 2　管对接接头型式（单位：mm）

②焊前打磨。

氩气是惰性气体，在焊接过程中既不与金属发生化学作用，也不溶解于金属中，但是氩气不具有脱氧或去氢能力。因此，焊接过程对焊件上的污染物极为敏感。为了确保焊接质量，焊前必须将焊件部位 20mm 范围内的铁锈、油漆、氧化膜用打磨的方式清理干净，通常清理后立即焊接。

③背部充氩保护。

由于不锈钢材料和氧的亲和力很强，如果不采取焊缝保护措施，背面的焊缝很容易在焊接过程中氧化，导致合金元素被烧损，且产生焊接缺陷，造成焊缝的力学性能和耐蚀性下降。因此，焊接小直径管路或进行管件组对时，可采取整体充氩的方法。

（2）焊接材料及工艺参数选择。

管路为不锈钢材料 06Cr19Ni10，因此选用 YB/T5092 标准的 H03Cr21Ni10Si 焊材，焊丝直径为 2mm，焊接电流为直流正接，铈钨极直径为 2.4mm。

焊接工艺参数很大程度上决定了焊缝成型质量，而焊接电流、电压是决定焊缝熔深的最主要参数。气体流量过大，会产生不规则的紊流，过小则起不到有效的保护作用。另外，还应控制焊接速度。速度过快熔合不好，过慢则焊缝的热输入量过多，会导致熔敷层金属晶粒粗大。经过实践，最终确定焊接电流为80~90A，电压为14~16V，保护气体为纯度99.99%的氩气，流量为10~15L/min。

2. 操作手法

（1）定位焊。

进行定位焊时，对于加大直径管，可采取三点均布定位焊；对于小直径管，可在10点钟位置点焊一点进行定位。开始定位焊前，在焊机面板选择收弧功能，调整焊接电流、收弧电流。戴好头盔面罩，左手握焊丝，右手握焊枪，喷嘴接触试件端部坡口处，按动引弧按钮引燃电弧，不松手，利用电弧光亮找到点焊位置。松开引弧按钮，电流开始上升，调整喷嘴高度，电弧长度约2~3mm，加热坡口一侧，待形成熔池，添加一滴焊丝熔滴。移动电弧到坡口另一侧，待形成熔池，再添加一滴焊丝熔滴。两侧搭桥后，呈锯齿形摆动电弧，将坡口钝边熔化。将焊丝溶滴一滴一滴添加到熔池，达到固定点长度后，右手按动引弧按钮，电流开始衰减，等熔池完全冷却后再移开焊枪，如图3所示。

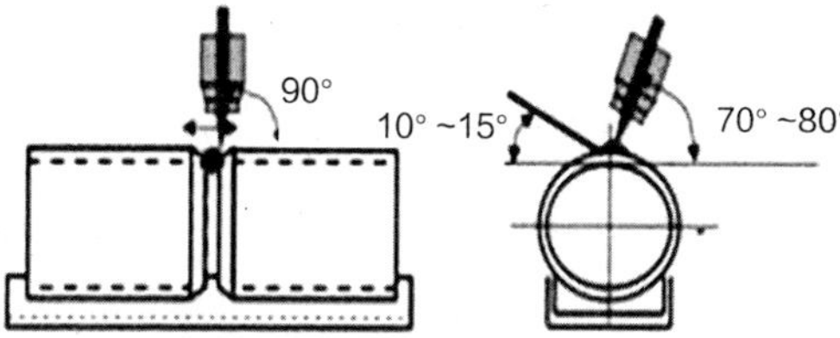

图 3　定位焊示意图

（2）手工 TIG 焊接操作要点。

手工 TIG 焊接操作是一种左右手同时动作的操作，与生活中的左手画圆、右手画方相同。图 4 为手工 TIG 焊接操作示意图。

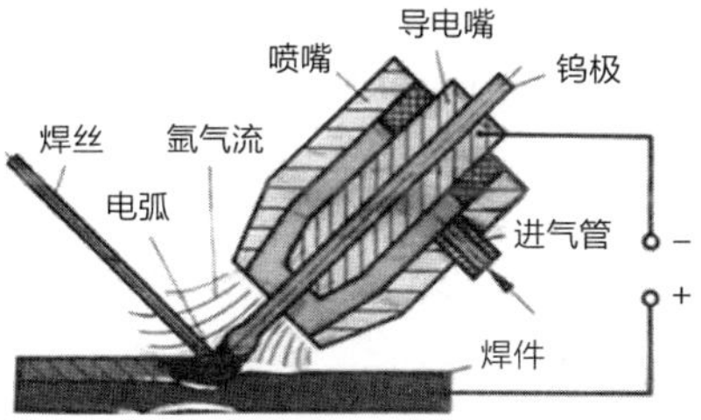

图 4　手工 TIG 焊接操作示意图

①送丝方法。

手工 TIG 焊接的送丝方法分为内填丝法和外填丝法。

外填丝可以用于打底焊和填充焊，通常用较大的电流，其焊丝头在坡口正面。操作者左手捏焊丝，不断将焊丝送进熔池进行焊接，对于其坡口间隙要求较小或没有间隙。其优点是因为电流大、间隙小，所以生产效率高，操作技能容易掌握。其缺点是用于打底焊时，因为操作者看不到钝边熔化和反面余高情况，所以容易产生未熔合缺陷，同时也得不到理想的反面成型。

内填丝只能用于打底焊，是用左手拇指、食指或中指配合送丝动作，小指和无名指夹住焊丝以控制方向；其焊丝则紧贴坡口内侧钝边处，与钝边一起熔化进行焊接，要求坡口间隙大于焊丝直径；管径较大时，可以将焊丝弯成弧形。其优点是因为焊丝在坡口的反面，操作者可以清晰地看到钝边和焊丝的熔化情况，眼睛的余光也可以看见反面余高的情况，所以焊缝熔合好，反面余高和未熔合缺陷可以得到很好的控制。缺点是操作难度大，要求操作者有较为熟练的操作技能；因为间隙大，焊接量相应增加；间隙较大导致电流偏低，使得工作效率比外填丝要低。

通过上述分析，打底焊可选用内填丝法，盖面焊可采用外填丝法。

②运焊把方法。

手工 TIG 焊接的运焊把方法通常分为摇把和拖把两种。

摇把是把焊嘴稍用力压在焊缝上面，手臂大幅度摇动进行焊接。其优点是因为焊嘴压在焊缝上，焊把在运行过程中非常稳定，所以焊缝质量好、外观成型非常漂亮，产品合格率高，特别适合仰焊。其缺点是学起来很难，因手臂摇动幅度大，所以无法在有障碍处施焊。

拖把是把焊嘴轻轻靠在焊缝上面，也可以不靠，右手小指或无名指也是靠或不靠在工件上，手臂小幅度摆动，拖着焊把进行焊接。其优点是容易掌握，适应性好，其缺点是焊缝的成型和质量没有摇把好，也不太适合仰焊，焊不锈钢时很难得到理想的颜色和成型。

根据 LNG 罐式集装箱的管路结构，对于操作空间大、无障碍的管路焊接，应尽量采用摇把方式；对于弯管或有障碍的管路焊接，应尽量采用拖把方式。

③焊接。

TIG 引弧一般采用引弧器（高频振荡器或高频脉冲发生器），可以让钨极与焊件不接触就引燃电弧。电弧引燃后，要在焊件开始的地方预热 3~5s，形成熔池后开始送丝。焊接时，焊丝、焊枪的角度要合适，焊丝送入的速度要均匀，焊枪向前移动时要平稳。左右摆动时，焊枪在两边时速度稍慢，在中间时速度稍快。要密切注意熔池的变化，熔池变大、焊缝变宽或出现下凹时，要加快焊速或重新调小焊接电流。当熔池熔合不好或送丝有送不动的感觉时，要降低焊接速度或加大焊接电流。如果是打底焊，目光应集中在坡口两侧的钝边处，眼角的余光在焊缝的反面，注意其余高的变化。

④收弧。

直接收弧很容易产生缩孔。如果是有引弧器的焊枪，要断续收弧或调到适当的收弧电流后慢慢收弧。如果是没有引弧器的焊枪，则应缓慢将电弧引到坡口的一边，避免产生收缩孔，如产生收缩孔，要打磨干净后方可施焊。

如果是在接头处收弧，应先将待接头处打磨成斜口，等接头处充分熔化后再向前焊 10~20mm，缓慢收弧，避免产生收缩孔。如果不将待接头处打磨成斜口，直接加长接头处焊接时间进行接头，容易产生内凹、接头未熔合和反面脱节等影响成型美观的缺陷。

（3）管对接接头焊接工艺。

①打底焊。

打底焊时，要求焊工能够双手开弓。焊接分左右两个半圆先后完成。先焊接右半圆，从 6 点半钟位置开始焊接，在

12 点半钟位置收弧。焊枪、焊丝角度和顺序如图 5 所示。

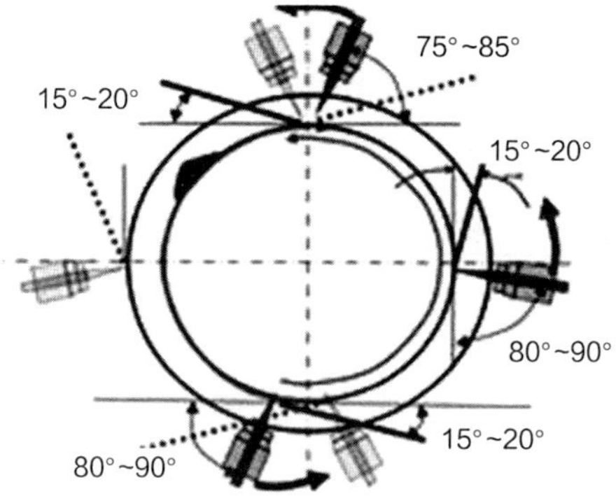

图 5 焊枪、焊丝角度和顺序

右半圈焊接：戴好头盔面罩，左手握焊丝，右手握焊枪，分开两腿，弯腰低头，喷嘴接触试件 6 点半钟位置坡口处，按动引弧按钮引燃电弧，不松手，利用电弧光亮找到点焊位置。松开引弧按钮，电流开始上升，调整喷嘴高度。此时，焊枪工作角为 90°，前进角为 80°~90°，电弧长度为 2~3mm。加热坡口一侧，待坡口棱边熔化并形成熔池，填加一滴焊丝熔滴。移动电弧到坡口另一侧，待棱边熔化并形成熔池，再填加一滴焊丝熔滴。两侧搭桥后，呈锯齿形向上摆动电弧，将坡口棱边熔化为 0.5~1mm，焊丝与电弧交替着，将焊丝熔滴一滴一滴地填加到熔池。电弧在坡口两侧适当停顿，使熔滴与坡口熔合良好。注意，一定要将焊丝准确填入根部熔池，否则会造成背面凹陷，甚至产生未熔合缺陷。焊丝进退要利落，退出时不离开氩气保护范围。利用电弧外围热量预热焊丝，避免焊丝与钨极接触而出现夹钨缺陷。随着焊缝位置的变化逐渐直腰，并相应调整焊枪、焊丝角度。超过 12 点钟位置时，焊枪角度应与焊接方向呈 75° ~85° 角，即改变电弧指向，以控制铁水下流。到达 12 点半钟位置时，开始收弧，右手按动引弧按钮，电流开始衰减，等熔池完全冷却后再移开焊枪。

左半圈焊接：管子位置不动，应用钢丝刷清理仰焊位起头处，右手持焊丝，左手握焊枪，在 6 点钟位置引燃电弧，焊丝进入氩气保护范围。缓慢移动电弧到坡口根部，熔化坡口棱边 0.5~1mm，并在根部形成熔池。将焊丝送进根部熔池，电弧呈小锯齿形摆动着向 12 点钟方向移动，与右半圈相同。封口时的方法与右半圈相同，超过接头 5~10mm 开始收弧，同时注意逐渐调整焊枪、焊丝角度，直起身体。特别注意，在整个焊接过程中要保证钨极端部形状，随时修磨钨极。

②盖面焊。

用钢丝刷清理打底层的氧化皮，盖面焊的方法与打底焊的方法基本相同。注意，焊接起头处与底层接头处稍微错开5~10mm，电弧横向摆动幅度稍大，以熔掉棱边0.5~1mm为好。前移步伐不宜太大，填丝方法为两点式，填丝频率稍快，使焊缝饱满，避免咬边。电弧在坡口两侧应适当停顿，保证良好熔合。图6所示为摆动运条方法。

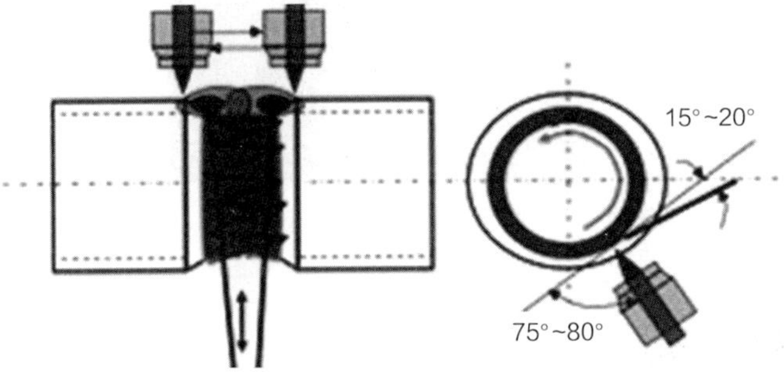

图6　摆动运条方法

三、实施效果

根据焊后对焊缝进行检验发现，焊缝单面焊双面成型良好。根据NB/T 47013.2标准，对管路对接焊缝进行100%射线检测，检测技术等级不低于AB级，合格等级为Ⅱ级。实践证明，经采用本文提出的手工TIG焊接工艺方法，管路对接焊缝探伤测试一次性合格率大于99%，焊缝成型如图7所示，满足了 LNG 罐式集装箱装运对焊缝质量的高要求。

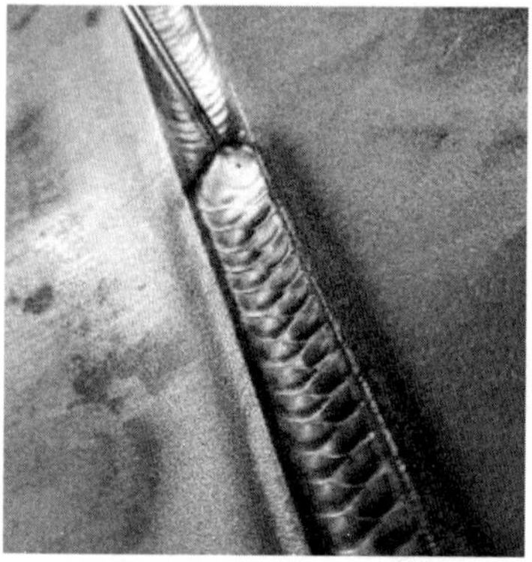

图 7　手工 TIG 焊缝成型

扫码观看视频讲解

（中车长江车辆有限公司：余英，段志华）

9 狭小空间型材垫板组焊顶紧技巧

一、问题描述

TIG 特别适宜焊接化学性质活泼的金属，如不锈钢、铝、钛、镁及其合金，适用于厚度为 0.5~5mm 的薄板或管子的各种位置焊接。因 MIG 功率较大，常用于中厚板、长焊缝的大批量生产。但 MIG 焊接时，焊丝是电极，熔化速度快，电弧燃烧剧烈，留给操作者的反应时间短，不利于焊接过程的精细控制。

相比之下，TIG 有其独特的优点：钨极电弧稳定，即使在焊接电流小于 10A 的情况下，电弧仍可保持稳定，特别适合于焊接铝合金薄板；热源和填充焊丝可分别控制，热输入量易于调整；由于填充焊丝不通过电流，不会造成熔滴过度，故电弧安静，噪声小，无金属飞溅现象，便于焊接过程中的精细控制，更有利于保证焊接质量。

因焊接垫板的板厚只有 3mm，故在生产中常采用 TIG 焊接方法进行垫板点固。现有工具只有规格为 100mm 的小 F 卡。使用 F 卡进行压紧时，无法满足焊接需要，会导致一系列问题，主要表现在以下几个方面。

（1）焊点数量多：由于垫板厚度只有 3mm，为防止其变形，点固点采取长 50mm、间隔 150mm 的段焊连接，车顶宽度为 2471mm，如图 1 所示。加上立面垫板的段焊点，车顶每

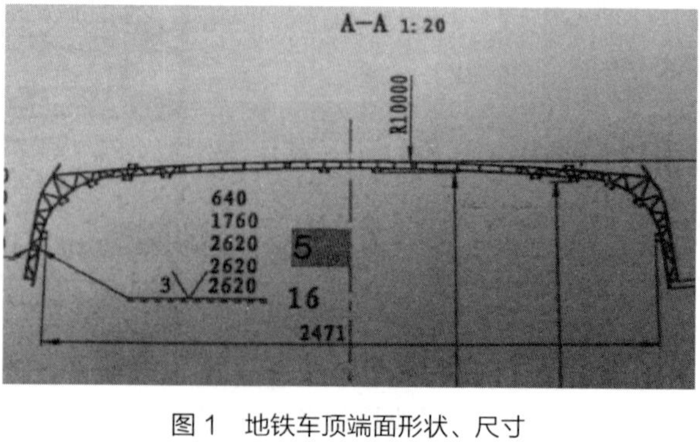

图 1　地铁车顶端面形状、尺寸

端共需焊接 20 多个点固点，每一个焊点都需要压卡，对压紧工具要求较高。压卡效果的好坏、压卡速度的快慢直接影响着焊接质量的好坏和焊接效率的高低。

（2）车顶面是变截面，并且车顶侧面还是圆弧面，压卡工具必须能适应断面大小和断面形状的变化。

（3）F 卡的卡臂和导向杆会影响焊枪角度和填丝角度，使焊接操作困难，进而影响焊接质量，如图 2、图 3 所示。

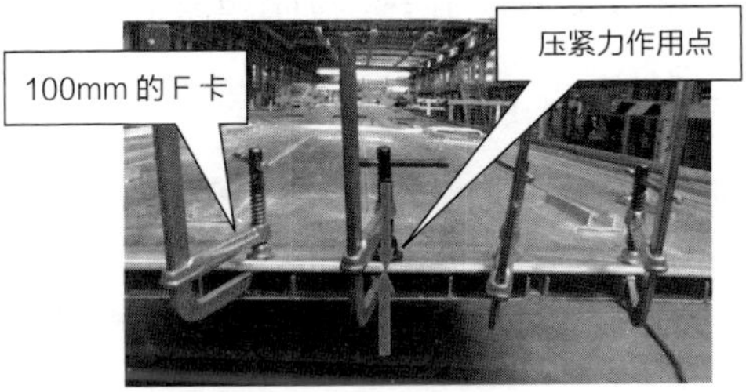

图 2　用 F 卡压紧垫板

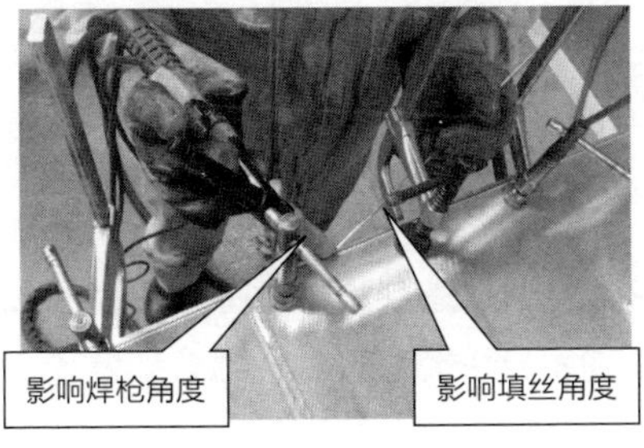

图 3　F 卡影响焊接操作

（4）因点固点较多，需不断拆装 F 卡，费时费力，导致焊接效率低。

（5）点固前，必须把垫板与车顶内侧压严。在使用 F 卡时，压卡要求最严的压脚部位由于被 F 卡遮挡，恰恰无法焊接。另外，焊接铝合金时，一定不能融入铁素体，但 F 卡为碳钢材质，所以焊接电弧不能太靠近压脚，只能在压脚旁焊接，这样容易导致垫板受热后变形，焊接时间隙会越来越大，造成垫板下部产生焊瘤，在热应力作用下，还会产生热应力裂纹，如图 4 所示。

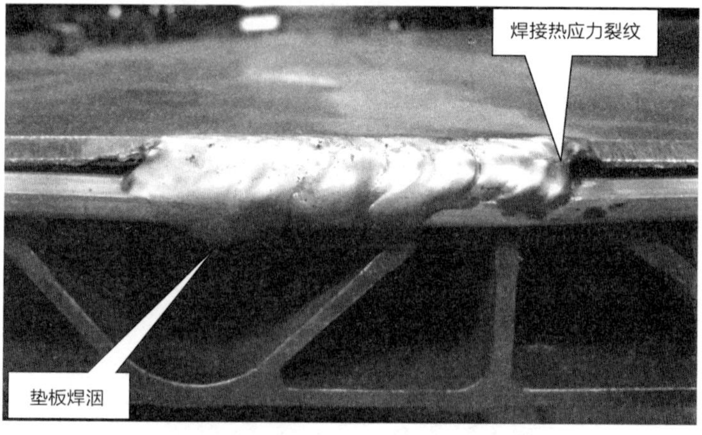

图 4　垫板焊洇及焊接热应力裂纹现象

二、解决措施

为了消除 F 卡对压脚的影响，必须将受力点进行转移；为了保证焊接质量，必须消除卡臂的影响；为了提高压卡效率，必须实现快速拆装。综合上述对卡具的要求，最终将卡具设计成两种结构，如图 5 所示。该工具的横向压紧结构由压紧轮（用 20mm 厚铝板制作）和手柄（用 10mm 厚铝板制作）两部分组成，二者通过 10mm × 10mm 的方孔连接。由于铝合金焊接接头的强度低于母材，所以为保证手柄强度，采用塞焊连接，焊接后磨平，如图 6、图 7 所示。若段焊点在

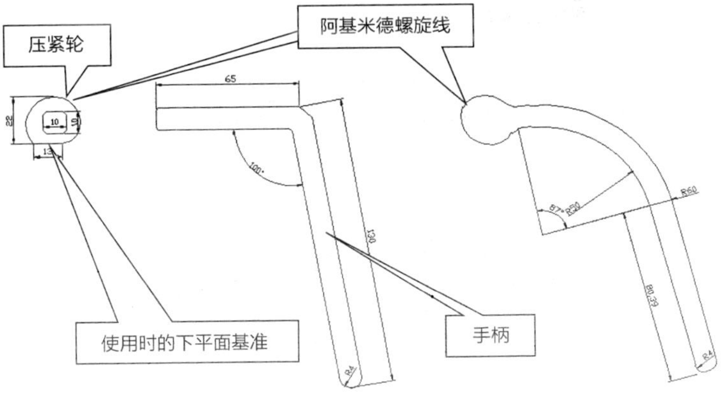

图 5　工装设计图（单位：mm）

型材立筋密集区，则采用纵向压紧结构（用10mm厚铝板制作），如图8、图9所示。

图6 工具正面

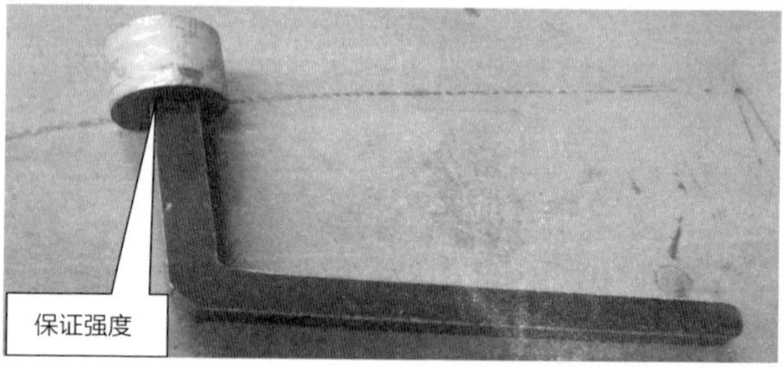

图7 工具背面

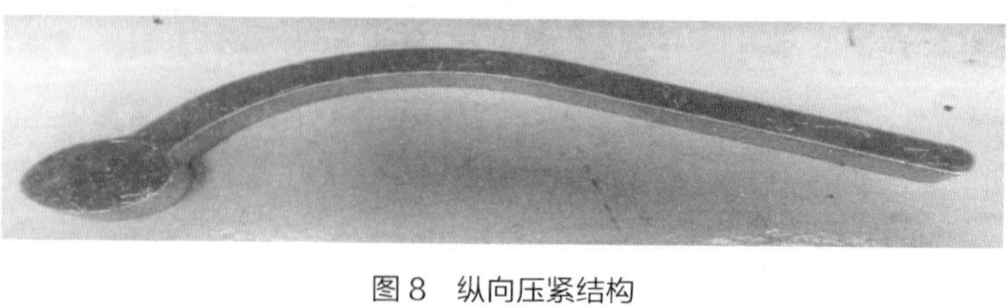

图8 纵向压紧结构

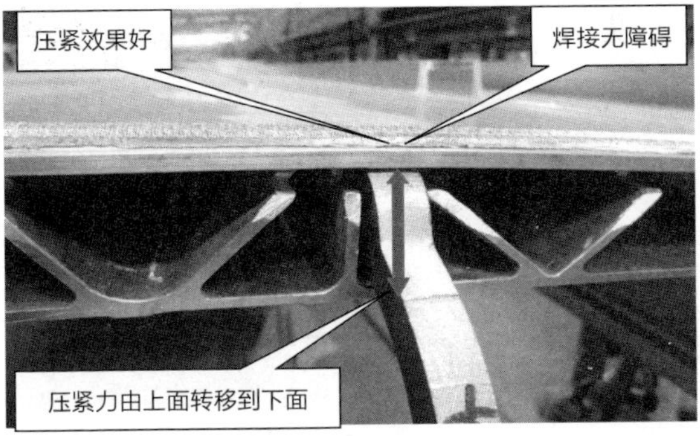

图 9　狭窄区域使用

操作过程如下。

（1）在平行型腔内焊接垫板时，先将垫板放入型腔内，将压紧轮放到垫板下面，顺时针旋转手柄，便可迅速将垫板压紧，用多个工具一次性将整条垫板快速压紧后，再连续焊接，如图 10、图 11 所示。

图 10　车顶垫板压卡完毕

图 11　无障碍焊接

（2）在变截面型腔内焊接垫板时，根据型材加强筋的角度，做成三个垫块，如图 12 所示。焊接时，先将与筋板角度相同的三角形垫块放入型腔内，然后将垫板放入型腔内，放入压紧轮压紧后即可焊接，其他操作过程不变，如图 13、图 14 所示。图 15 为焊后效果。

图 12　调整垫块

图 13　左侧变截面垫板压卡方法

图 14　右侧变截面垫板压卡方法

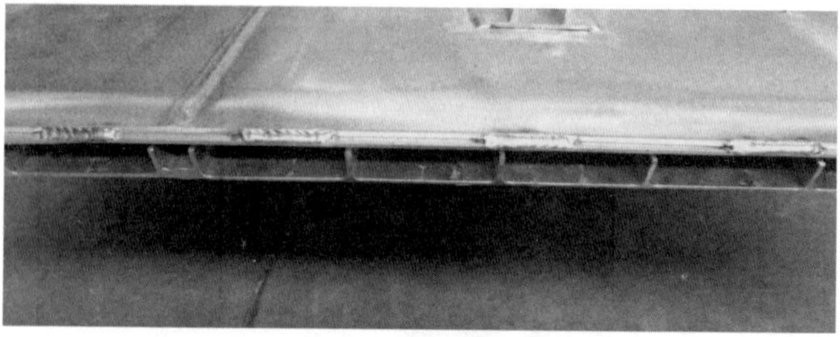

图 15　焊后效果

（3）点固焊接完成后，逆时针旋转手柄，将该工具快速取下即可。

三、实施效果

该套工具使用特点如下。

（1）组合式设计，结构紧凑，通用性强，便于制作安装。

（2）压卡轮外形轮廓采用阿基米德螺旋线设计，实现小转角、大位移，满足快速压卡和快速拆卸需要，并且能实现自锁，保证压卡牢固不松脱。

（3）实现了焊接过程无障碍，压卡施力点由上面转移到下面。焊接垫板时，彻底消除了对焊接操作的不利影响。

（4）提高组焊效率，点固车顶两端垫板的工时由过去的 2 人 3 小时减少到现在的 1 人 1 小时。

使用该套工具不仅实现了快速压卡和快速拆卸，而且实现了焊接过程无障碍，更利于保证焊接质量。该工具已在地铁车顶垫板焊接过程中得到推广应用。与此同时，为了使成果能够适应更多场合，根据压紧轮上的阿基米德螺旋线的径向变化量数值大小，已将压紧轮的底圆直径系列化，并且采用了套筒扳手式活动连接方式连接压紧轮与手柄。该顶紧工具已经获得了实用新型专利证书。

扫码观看视频讲解

（中车唐山机车车辆有限责任公司：徐昆，张雪松，李文章，霍志龙，李仕君）

图书在版编目（CIP）数据
MIG与TIG焊接技能小窍门 / 王铵主编. --北京：中国工人出版社，2021.8
ISBN 978-7-5008-7710-3
Ⅰ. ①M… Ⅱ. ①王… Ⅲ. ①焊接 Ⅳ. ①TG4
中国版本图书馆CIP数据核字（2021）第158739号

MIG与TIG焊接技能小窍门

出　版　人　王娇萍
责 任 编 辑　习艳群
责 任 印 制　栾征宇
出 版 发 行　中国工人出版社
地　　　址　北京市东城区鼓楼外大街45号　邮编：100120
网　　　址　http://www.wp-china.com
电　　　话　（010）62005043（总编室）
（010）62005039（印制管理中心）
（010）82075935（职工教育分社）
发 行 热 线　（010）82029051　62383056
经　　　销　各地书店
印　　　刷　北京市密东印刷有限公司
开　　　本　787毫米×1092毫米　1/32
印　　　张　6.75
字　　　数　117千字
版　　　次　2021年11月第1版　2021年11月第1次印刷
定　　　价　39.00元